尚锦手工**萌宠手作**系列

猫物集

钩编可爱饰物

日本株式会社无限知识／编著
半山上的主妇／译

中国纺织出版社有限公司

手边有钩针和线的话，

要不要尝试制作猫项圈呢？

毛色和样貌各异的猫咪，各有各的魅力，

戴上项圈以后，不仅有了标记，

也表现出猫咪不同的个性。

目录
contents

第 1 章　挂坠式项圈

首字母项圈　5 / 肉球项圈　8 /
小鱼项圈　8 / 三花猫花纹项圈　10 /
单色项圈　11 / 条纹项圈　11 /
青虫项圈　12 / 蝴蝶项圈　13 /
铃铛项圈　14

从毛色和花纹看猫的个性　9
手作项圈的创意　15

第 2 章　造型项圈

朋克风项圈　17 / 蛇环项圈　18 /
豹纹项圈　19 / 萨普风项圈　20 /
腕带风三色项圈　21 / 小花环项圈　22 /
高雅珍珠项圈　23 / 金项圈　24 /
蝴蝶领结项圈　25 / 泡泡项圈　26 /
甜甜圈项圈　27

第 3 章　穿着式项圈

军装领带项圈　29 / 燕尾服项圈　30 /
仿皮草项圈　31 / 拉夫领项圈　32 /
三层领项圈　33 / 天使与恶魔项圈　35 /
蛋糕项圈　36
护理专用项圈　37
伊丽莎白圈　38 / 围兜项圈　39

制作钩针项圈之前的准备工作　40

安全便捷地使用　41 / 工具　42 /
线材　42 / 项圈的基本钩织方法　44

猫咪“模特”和猫咪“测评官”　50

作品的制作方法　52

重点教程　54 / 钩针编织基础　90

第1章

挂坠式项圈

CHARM

给手工钩织的项圈加上小挂坠。
用线来钩织的话，
可以让挂坠的手感很轻柔。

首字母项圈

将猫咪名字的首字母装饰在项圈上。
这饱含对猫咪的喜爱之情，非常特别。

设计与制作　金子美也子（Miya）
制作方法 >> P54, 58

每只猫的名字都不一样。
用 4 种部件就可以制作出
从 A 到 Z 的 26 个字母。

制作方法 >> **P54, 58**

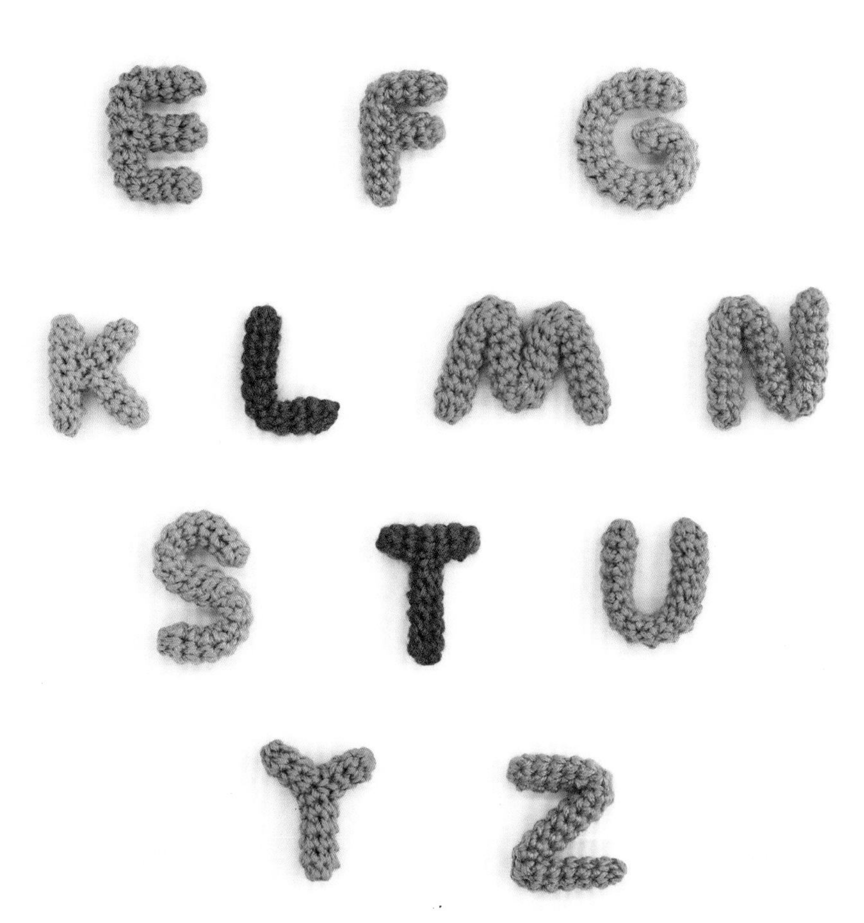
E F G
K L M N
S T U
Y Z

肉球项圈

可爱的猫爪肉球项圈。
配合爱猫，选用了可爱的粉红色。

设计与制作　市川美雪
制作方法 >> **P60**

小鱼项圈

将猫咪喜欢的小鱼装饰在项圈上。
为了配合猫咪的花纹，
小鱼也采用了条纹花样。

设计与制作　金子美也子（**Miya**）
制作方法 >> **P61**

从毛色和花纹看猫的个性

家猫的毛色和性格有联系。可以参考下面的信息，制作有个体差异的项圈。

虎斑猫

雉虎猫

日本家猫的元祖。仍保持着一定的野性和谨慎性，非常有代表性的猫。

鲭虎猫

因为毛色像鲭鱼而得名。和雉虎猫性格相近，但也有亲近人的一面。

茶虎猫

拥有野猫所没有的橙黄毛色，是虎斑猫中的新品种。多为公猫，体型较大，食量也大。

古典虎斑猫（银虎斑猫）

拥有美国短毛猫的代表性毛色：旋涡状花纹。这是以捕鼠为目的而饲养的猫，有较强的忍耐力，健康活泼。

多层色虎斑猫

这种猫看起来好像没有花纹，其实每一根毛都有深浅分明的条纹。多层色虎斑猫是非常古老的品种，既有野性，也有天真烂漫的一面。

斑点纹虎斑猫（补丁虎斑猫）

以孟加拉猫为代表的斑点纹虎斑猫。具有和外表相称的野性，运动神经发达，性格沉稳又有社交性。

纯色猫

白猫

在野生环境里，白色皮毛的动物更容易遭受袭击，因此，白猫的警戒心很强，也格外聪明。

黑猫

与白猫完全相反，非但没有戒心，还很友好、大气。很多黑猫都爱撒娇。

灰猫

以俄罗斯蓝猫为代表。性格细腻，只对主人亲密。生性文静、温和。

三色和双色猫

三花猫

拥有白色、黑色和橘色三种颜色的猫。三花猫几乎都是母猫。情绪易变，性格有比较酷的一面，生性倔强。

黑白猫

同时拥有黑猫和白猫的两种性格特点。黑白猫有很多独特的花纹，上面的插图为黑白八字脸（又称警长）。

其他体态特征

短毛和长毛

猫类原本都是短毛，长毛是因基因突变而产生的。因此，与生性活泼的短毛猫相比，长毛猫大多性格冷静。

肉垫的颜色

猫类的毛色源自雉虎猫的毛色，因此从颜色上来讲，不存在拥有粉色肉垫的猫。白色系毛色的猫在经过人工饲养选育后，才出现了有粉色肉垫的猫。

眼睛的颜色

野猫眼睛的颜色皆为金色，白色系的猫在生存演化过程中，出现了浅蓝色和绿色眼睛的品种。蓝色眼睛的白猫，因为遗传的原因，多有听力问题。

沙皮猫

沙皮猫的毛色是黑色和橘色的复杂混色。和三花猫一样，多数都是母猫。既我行我素，又谨慎机智。

重点色短毛猫

以暹罗猫为代表。在鼻尖等部位的顶端有斑点色。生性友好，爱对主人撒娇。

参考资料：《猫的毛色和模样完全揭晓 100》（日本学研出版社）

三花猫花纹项圈

制作搭配猫咪毛色的项圈时，
推荐加入米珠针织小球。
将编织有三花猫花纹的米珠小球，
送给身有白色、黑色和橘色
的可爱三花猫。

设计与制作　楚坂有希

制作方法 >> **P62**

单色项圈

给单色或浅色的猫咪配上单色的米珠小球。这样的项圈略带闪光，非常时尚。

设计与制作　楚坂有希

制作方法 >> P62

条纹项圈

给雉虎猫和鲭虎猫配上双色编织的条纹花样米珠小球，显得毛色分外好看。

设计与制作　楚坂有希

制作方法 >> P62

青虫项圈

想给淘气的小猫带上青虫项圈。
青虫的位置在侧后方，
因此并不会妨碍猫咪的活动。

设计与制作　楚坂有希

制作方法 >> **P64**

仿佛有只蝴蝶停在脖子上，
从后面看非常可爱。

蝴蝶项圈

给亲密的猫咪母子俩戴上成对的项圈。
小猫戴青虫项圈，猫妈妈戴蝴蝶项圈。

设计与制作　楚坂有希

制作方法 >> **P65**

铃铛项圈

叮呤作响的铃铛,可以说是猫项圈必备装饰。
温柔的铃铛响声，让人知道猫咪在哪。

设计与制作　金子美也子（**Miya**）
制作方法 >> **P57, 66**

放入毛线玩偶专用的轻型塑料铃铛（和麻纳卡），包在毛线中也能发出响声。

手作项圈的创意

按自己的爱好对项圈进行各种各样的搭配调整。享受给爱猫制作项圈的快乐吧！

具有功能性

爱猫迷路走失时，项圈可以作为标记，让人知道这是家养的宠物猫。从这一点上讲，在项圈上加上防走失牌的话，更加安全。项圈有可能会脱落，植入追踪芯片的话更有保障，可以根据需要灵活使用。

防走失牌

标有名字和联络方式等宠物相关信息的防走失牌，在猫咪走失时非常有用，让主人更容易找回猫咪。有可以固定在项圈上的挂坠型，也有与项圈一体型等各种各样的设计。

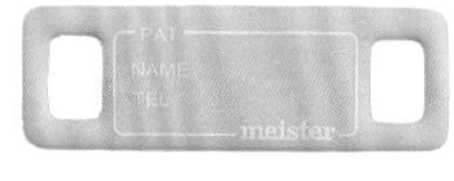

◀防走失牌（K-pro宠物）如果要穿在挂坠式项圈上，推荐选用直穿型的简洁款防走失牌。宽度在7~30mm，共4种尺寸。

灵活使用市售的部件

为了简单地制作项圈，也可以将市售的饰品部件或服饰饰品用作项圈挂坠。用线或金属圈将饰品固定在钩编绳子上。

◀钮扣 / 冈昌里布钮扣店
稀有的十二星座设计西服钮扣。在手工店和批发店淘一淘吧!

给自己也戴上配套的饰品

戴上猫咪的同款饰品，大幅地缩短了主人与猫的距离。可以将项圈的挂坠部分当作饰品或包饰，很简单地和猫咪凑成一套。

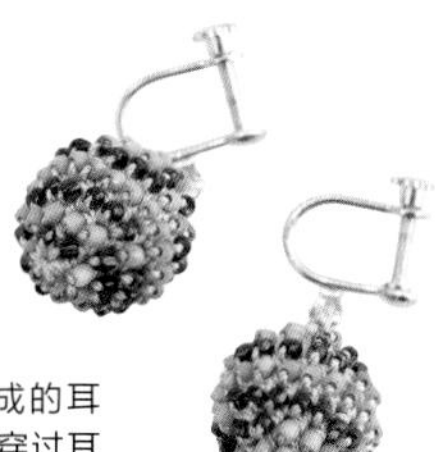

P10，11 的米珠小球做成的耳夹耳环。将米珠的绳子穿过耳夹上的金属圈即可。

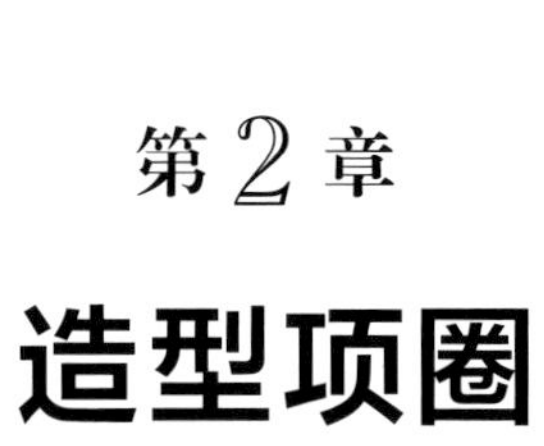

第2章

造型项圈

STYLE

或高贵、或淘气，

表现出各种样貌的猫咪们。

项圈更加强调了它们迷人的个性。

朋克风项圈

最适合生性无拘无束的猫咪。
钩织的铆钉和链条很轻，佩戴舒适。

设计与制作　越膳夕香

制作方法 >> **P67**

蛇环项圈

盘在脖子上的蛇很有特色。
表现出猫作为狩猎者野性的一面。

设计与制作　市川美雪

制作方法 >> **P68**

豹纹项圈

时尚经典的豹纹，搭配同属于猫科动物的猫，非常合适。
让爱撒娇的猫咪也有了犀利感。

设计与制作　市川美雪

制作方法 >> **P70**

萨普风项圈

针织物般的质地和萨普风的配色，非常耀眼。
时尚达“猫”完全可以轻松驾驭。

设计与制作　能势真弓
制作方法 >> **P71**

腕带风三色项圈

像编三色腕带一样组合织片。
窍门是选用和猫咪毛色相同或易于搭配的颜色。

设计与制作　能势真弓
制作方法 >> **P72**

小花环项圈

给可爱的猫咪戴上装饰着小花的少女风项圈。
选用粉嫩色系，可以营造温柔的氛围。

设计与制作　金子美也子（Miya）
制作方法 >> P73

高雅珍珠项圈

猫咪戴上棉花珍珠和钩针小球连接而成的项圈后，
显得非常上相呢！
这种项圈很轻，即使猫咪做比较大的动作，
也可以活动自如。

设计与制作　金子美也子（Miya）
制作方法 >> P74

金项圈

充满高级感的黑金两色搭配，彰显贵族气质。
脖颈处若隐若现的光泽非常漂亮。

设计与制作　金子美也子（**Miya**）
制作方法 >> **P75**

蝴蝶领结项圈

猫咪戴上蝴蝶结后，比平时更加可爱帅气呢！
金色条纹则是不经意间的点睛之笔。

设计与制作　金子美也子（**Miya**）
制作方法 >> **P76**

泡泡项圈

使用有弹性的绳子，
制作出时尚有型的皮革感项圈。
用圆形松紧带钩织的话，
不需要扣环就可以佩戴，十分轻松。

设计与制作　能势真弓

制作方法 >> **P77**

甜甜圈项圈

给个性独特的猫戴上特殊设计的项圈。
的甜甜圈形状的项圈戴在酷酷的猫咪
颈上也非常可爱呢!

设计与制作　藤田智子
制作方法 >> **P78**

第3章

穿着式项圈

WEARABLE

以质地轻盈为特性的项圈，
与其说是“佩戴”，不如称为“穿着”更贴切。
从形状到质感皆为手工钩织特有的设计。

军装领带项圈

在项圈上加一条领带，
猫咪秒变“猫老板”！
正襟危坐的样子，
是不是很想向它汇报工作？

设计与制作　越膳夕香
制作方法 >> **P79**

燕尾服项圈

正式的燕尾服设计，一戴上这样的项圈，
小猫咪立刻化身为绅士，
让人非常想要尝试一下。

设计与制作　藤田智子

制作方法 >> **P80**

仿皮草项圈

猫咪有一个特别可爱的地方，
就是它们那蓬松柔软的胸毛。
戴上这样的项圈，
短毛猫也能拥有气派的胸毛！

设计与制作　楚坂有希

制作方法 >> P82

拉夫领项圈

戴上 8 字形蓬松的项圈，
简直就像中世纪的贵族一样。
贴合颈部的设计，贵气逼人。

设计与制作　楚坂有希

制作方法 >> P83

三层领项圈

细致的三层领，演绎出贵公子风情。
和上一页的作品一样，使用的是可以洗涤的棉质蕾丝线。

设计与制作　藤田智子

制作方法 >> **P84**

天使与恶魔项圈

你的猫咪是小天使还是小恶魔？
为各处散发魅力的猫咪们设计的后戴式翅膀项圈。
营造出让人总也看不够的背影。

设计与制作　越膳夕香

制作方法 >> P85

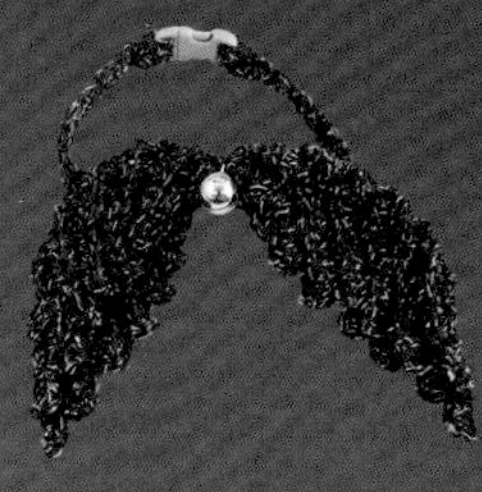

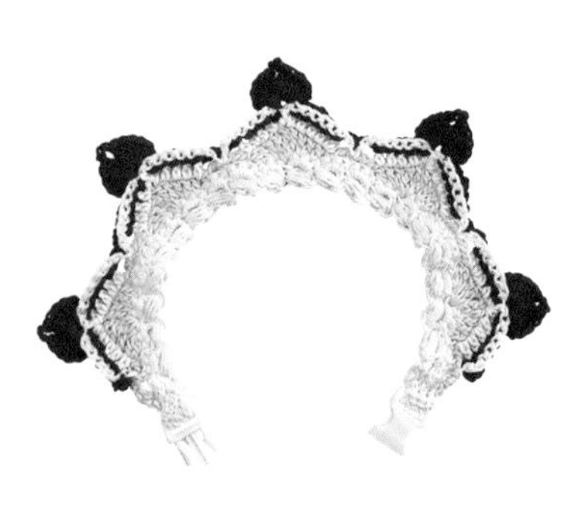

蛋糕项圈

每逢生日或纪念日之际，戴上坠着杯子蛋糕的项圈来庆祝吧！和猫咪共度这特别的日子。

设计与制作　藤田智子

制作方法 >> **P86**

护理专用项圈

手工制作的项圈，
可不可以有更多的用途呢？
顺着这个思路，
设计了可以帮助病猫或老年猫的项圈。

伊丽莎白圈

用触感轻柔的可洗毛线钩织而成的伊丽莎白圈，
甚至可以直接戴着睡觉。

设计与制作　越膳夕香

制作方法 >> P88

在设计中重视材质的特性——感受手工制作的妙趣

在多年的共同生活中，猫咪难免会产生疾病或衰老带来的变化。此时，在了解掌握猫咪的性格和行为模式的基础上，我们可以通过手作来帮助它们。选择适合的手感、尺寸和配色来设计制作项圈，给猫咪的生活减少一些不便。让我们和猫咪一起尝试这样的手作吧！

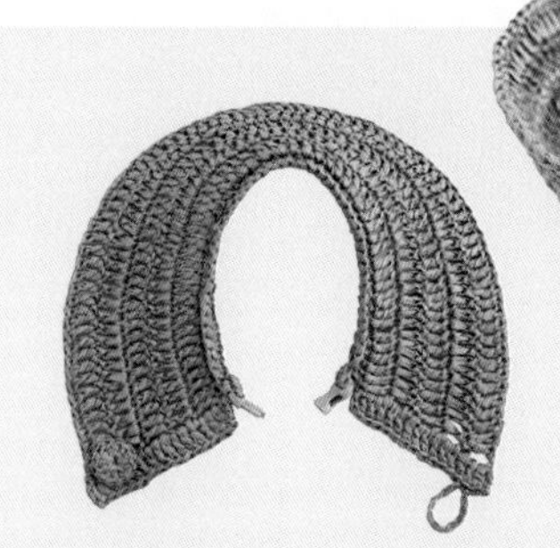

颈部装有安全插扣，
上端用绳圈固定。

围兜项圈

猫咪上了年纪以后，进食时会洒出来，
这时候小巧的围兜项圈就很实用了。
一戴上这个围兜，
就知道要开饭了呢！

设计与制作　越膳夕香

制作方法 >> P89

容器状的围兜可以接住洒出来的食物。使用的是弄脏了也可以洗涤的线材。

制作钩针项圈之前的准备工作

尺寸

本书中的项圈，是按照成年猫的平均颈围25cm 制作的（小号为22~23cm，大号为27~28cm)。请按颈围大小，调节项圈两端翻折的长度。

重量

以织片柔软、项圈轻柔为佳。各作品的重量不一，在5~20g之间。

材料

选用棉、麻线或涤纶、腈纶等化纤毛线。这些材料大多数都是可以洗涤的。

安全便捷地使用

使用安全插扣

安装用力捏即可打开的市售安全插扣，即使项圈被缠住也可以容易地打开，可放心使用。如图所示，插扣有多种颜色可供选择，易于和项圈的设计搭配。

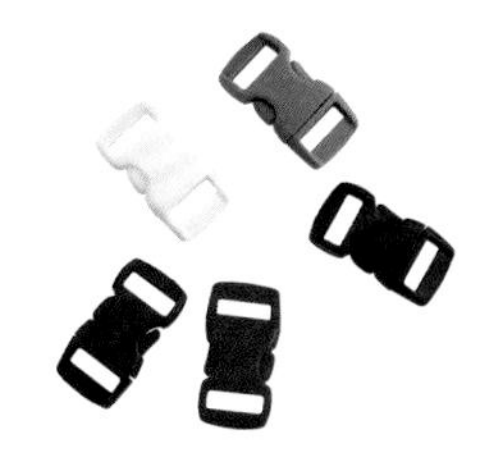

◀安全插扣
图中为 DURAFLEX 公司生产的宽度 10mm 的安全插扣

缝合方法

将项圈穿过插扣并缝合。项圈的两端各翻折 1.5~3cm，折到木书中的平均尺寸 25cm。测量猫的颈围后（如下图所示，最好加上放松量），决定翻折部分的长度。

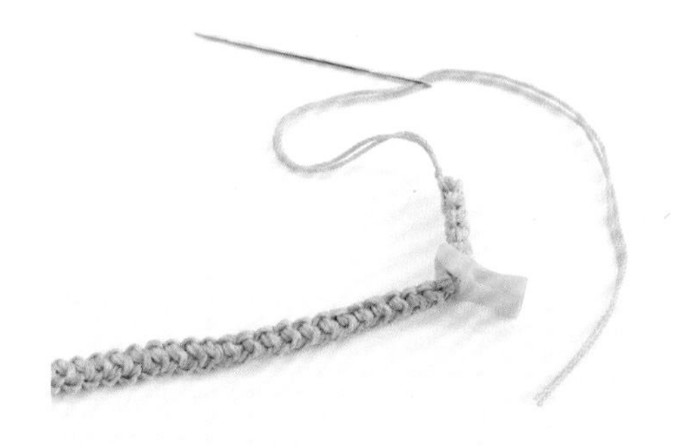

完成后的检查

猫戴上项圈后，最好有可以放入一根手指的放松量即可，太松的话容易被缠住。

将项圈的一端穿入调节扣，按使用皮带的方法调整长度。织片过厚的话有可能无法穿过。

工具

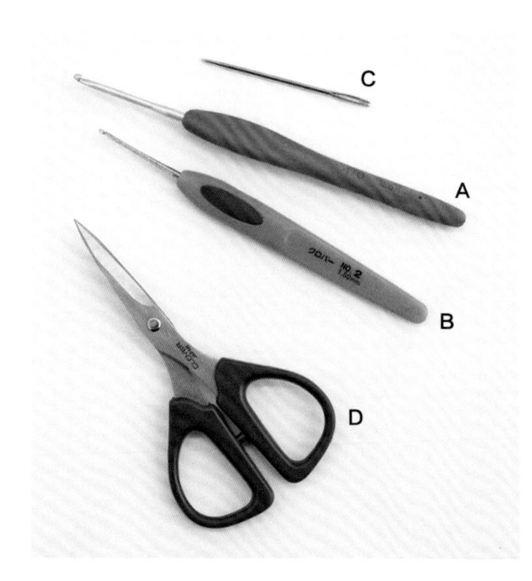

A 钩针（2/0 号~8/0 号）。
B 蕾丝钩针，用于钩细线。
C 圆头缝针，用于缝合或藏线。
D 剪刀。

线材

实物大小

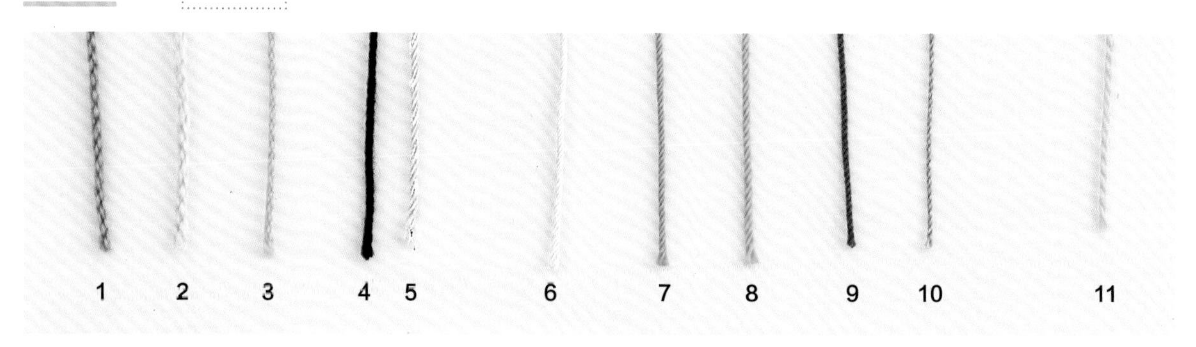

1 和麻纳卡　水洗棉线
2 和麻纳卡　水洗棉线 < 段染 >
3 和麻纳卡　水洗棉线 < 钩织 >
棉和涤纶混纺的可机洗毛线。**1**有30种颜色（30g/团），**2**有11种渐变色（40g/团），**3**有34种颜色，是钩针专用的细线（25g/团）。

4 和麻纳卡　Aprico 棉线
5 和麻纳卡　Aprico 棉线 < 银丝 >
100%全棉，光泽度很好，穿着舒适，可手洗。**4**有26种颜色（30g/团），**5**是夹银丝棉线，有18种颜色（30g/团）。

6 奥林巴斯　Emmy Grande <House> 蕾丝线
7 奥林巴斯　Emmy Grande <Colors> 蕾丝线
8 奥林巴斯　Emmy Grande <Herbs> 蕾丝线
使用高级埃及棉制成的"Emmy Grande"系列人气蕾丝线。**6**是粗蕾丝线，22种颜色（25g/团），**7**是彩色蕾丝线，26种颜色（10g/团），**8**是自然色蕾丝线，18种颜色（20g/团）。

9 横田　鸭川 18 号蕾丝线
黏度高、硬度大的100%全棉蕾丝线。9种颜色（50g/团）。

10 横田　30 号蕾丝线"葵"
带有丝般光泽的100%全棉蕾丝线。21种颜色（30g/团）。

11 DMC　5 号珍珠棉
带有丝般光泽，100% 全棉的粗刺绣线。

※ 为了方便读者查找产品，部分品牌型号保留英文。

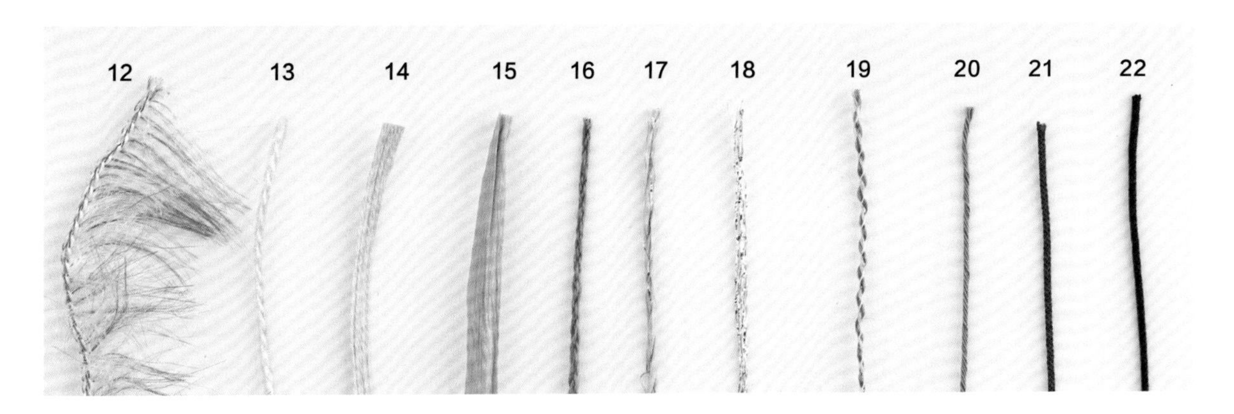

12 和麻纳卡 Lupo 皮草线
高级感的仿皮草线。10种颜色（40g/团）。

13 和麻纳卡 Tino 毛线
触感柔软的100%腈纶毛线。18种颜色（25g/团）。

14 横田 GIMA 棉麻线
亚麻质感的棉麻线。10种颜色（30g/团）。

15 Marchen Art Manila 麻线
用马尼拉麻制作的天然材质线，可洗涤。单色22种颜色（20g/团）。

16 和麻纳卡 Flax C 棉麻线 <银丝>
既有麻线的手感，又有棉线的柔软的夹银丝棉麻线。11种颜色（25g/团）。

17 HOBBYRA HOBBYRE 闪亮拉菲斯
拉菲线风格的轻盈的线。夹金银丝线，风格华丽。3种颜色（40g/团）。

18 和麻纳卡 Emperor
100%人造丝的金银线。光泽闪亮。9种颜色（25g/团）。

19 和麻纳卡 Cleo Crochet 混纺线
含麻、夹金银丝的渐变色混纺线，硬度大。8种颜色（25g/团）。

20 横田 刺子绣线 <合太>
较粗的刺子绣专用棉线。9种颜色（30m）。

21 Marchen Art 亚洲编绳 <极细>
制作绳编饰品用的结实的涤纶线。单色 27 种颜色（5m）。

22 Marchen Art 浪漫编绳 <极细>
利用树脂加工技术，具有皮绳般光泽的棉线。18种颜色（10m）。

项圈的基本钩织方法

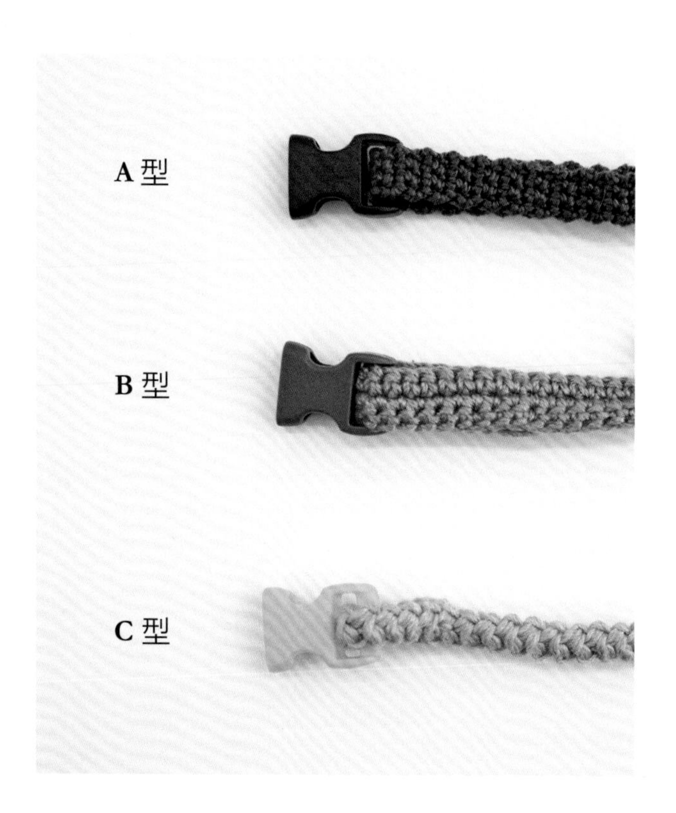

A 型：短针（横向）

针脚横向排列，边缘呈锯齿状。

B 型：短针（纵向）

针脚纵向排列，边缘平整。

C 型：虾辫

圆绳的形状，边缘呈弧形。

准备好线材，钩锁针

1

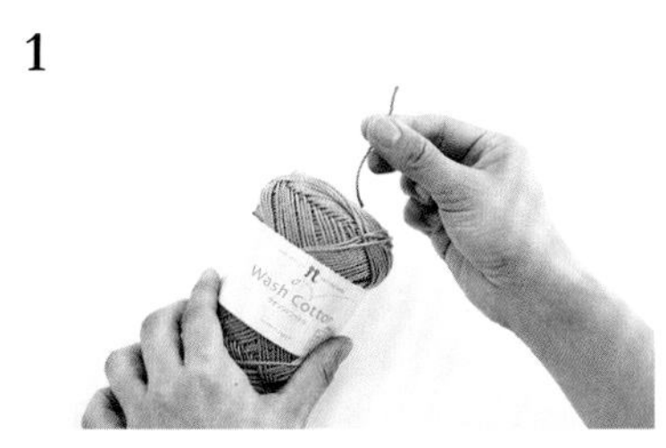

从线团内部抽出线头。如果从线团外侧的线头开始钩，钩织时线团会不停地滚动，影响制作。

2

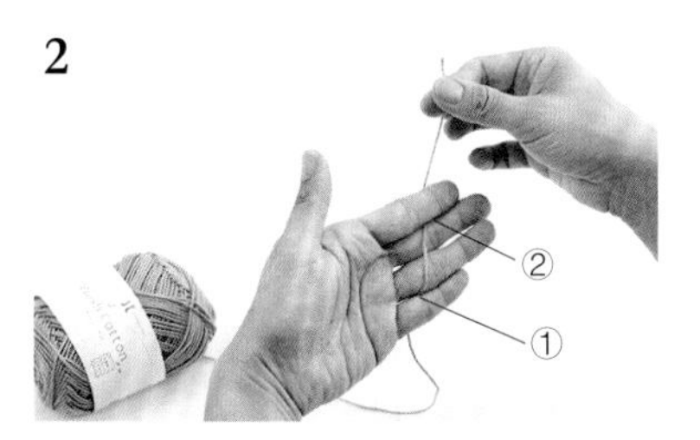

先用左手无名指和小指夹住线（①），再用食指和中指夹住线（②）。

3

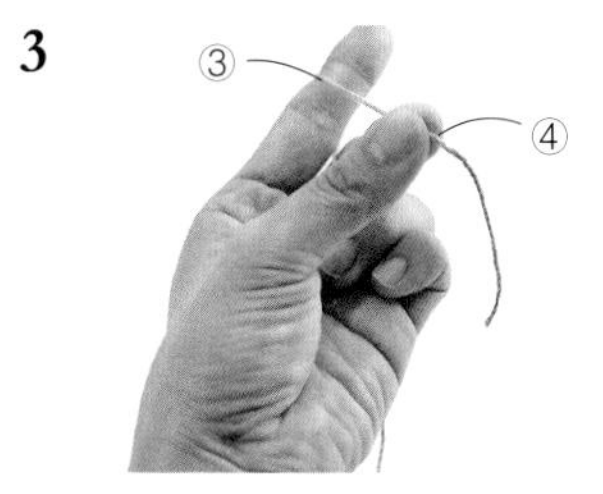

保持这个手势并将线挂在食指上（③），再用拇指和中指夹住线头（④）。

4

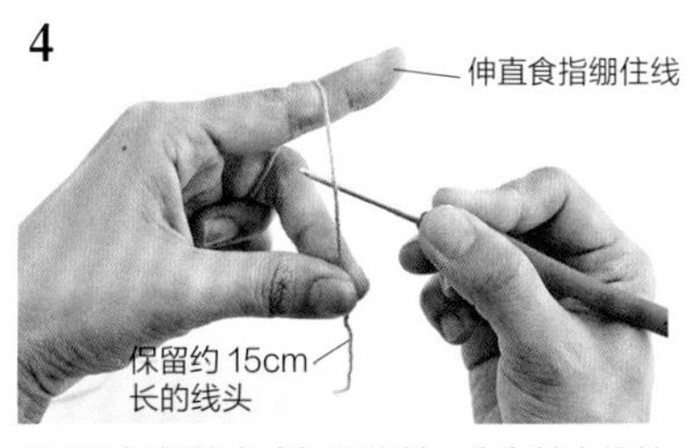

右手以握笔的方式握住钩针。此为基本的持针方法。

开始钩织

5

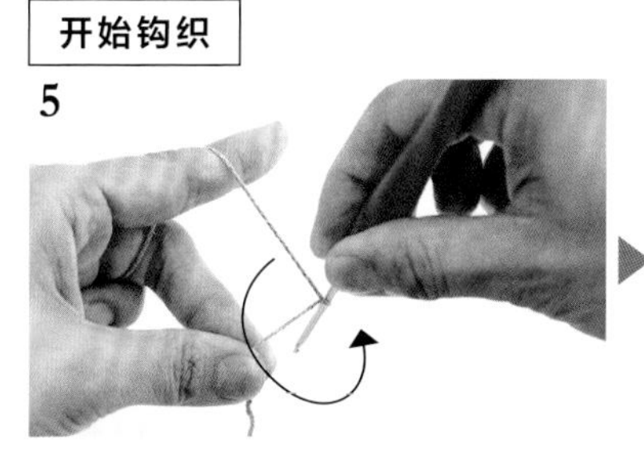

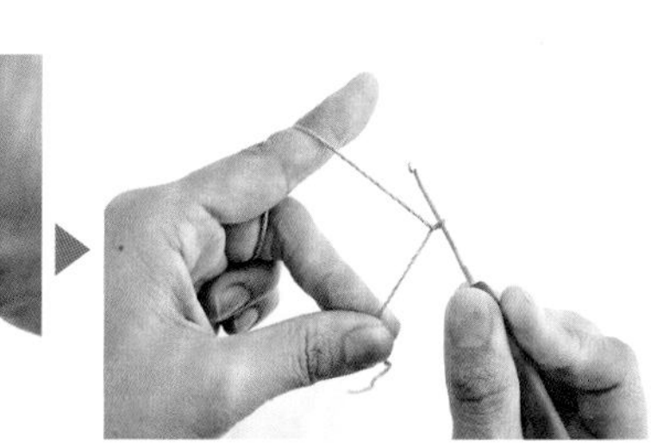

将钩针向内旋转一圈，绕出线圈。

6

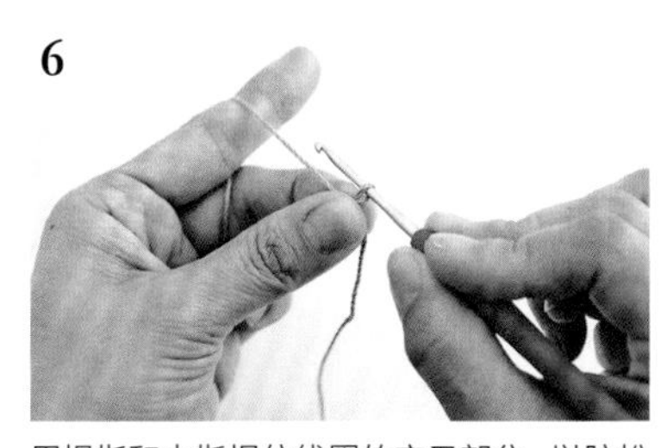

用拇指和中指捏住线圈的交叉部分，以防松开，针尖挂线。

7

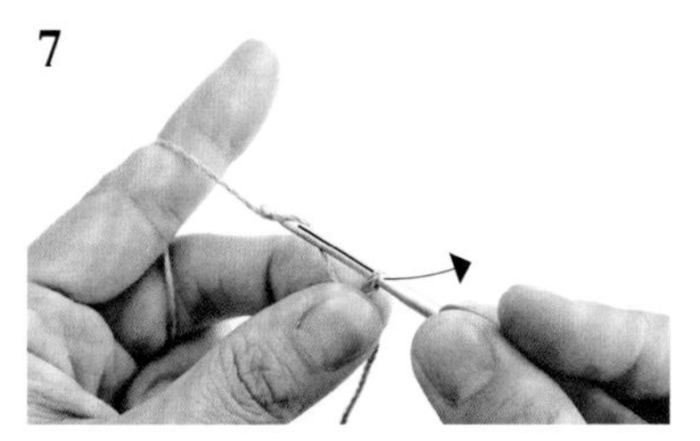

针尖挂线的状态。右手拉钩针，将挂着的线从线圈中引出。

8

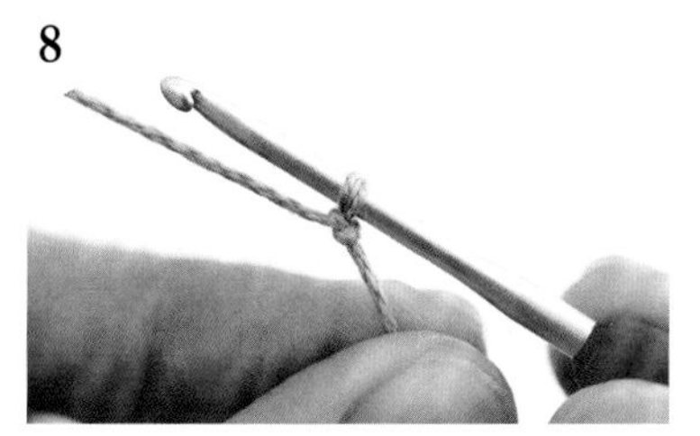

引拔后形成一个结，这样线就不会散开。从这个状态开始，按照编织图解编织。

锁针 ○

9

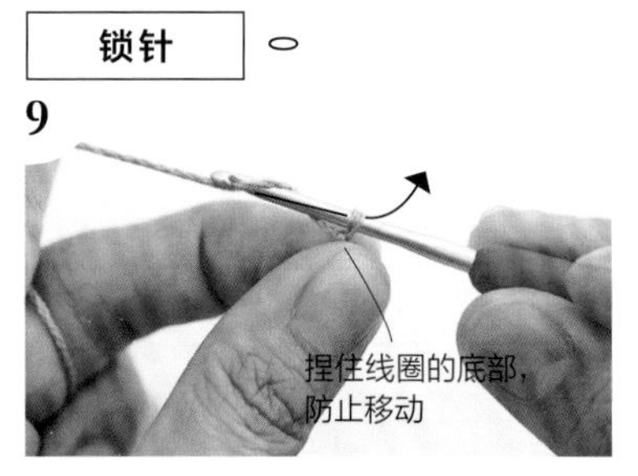

针尖挂线，从线圈中引出。

10

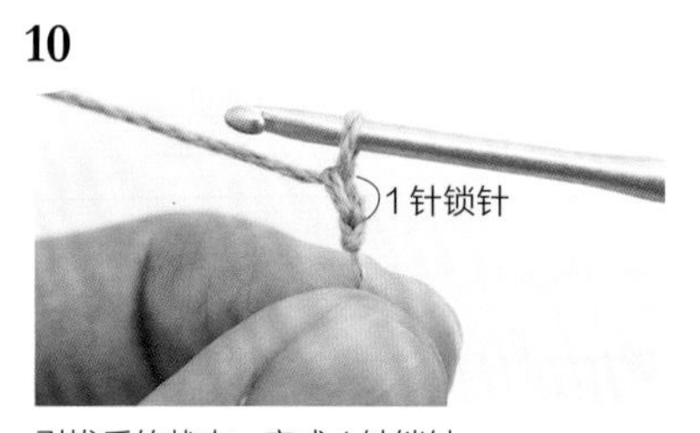

引拔后的状态。完成 1 针锁针。

11

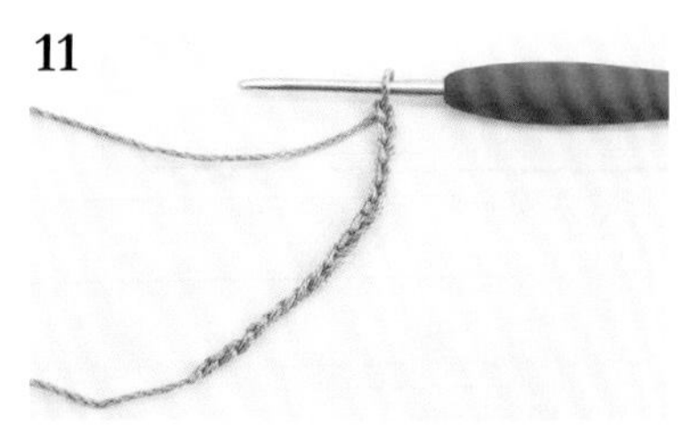

重复钩锁针，形成一条绳索状。在这样的锁针上（起针），钩 A 型和 B 型的短针。

A 型：短针（横向）

起针

1

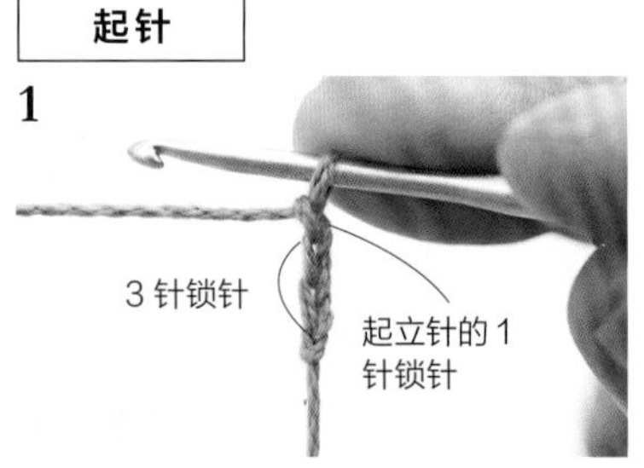

按照 P9，10 的方法，钩 3 针锁针作为起针，这是第 1 行。每行的开头钩 1 针锁针（这一针叫作起立针）。

短针 ×

2

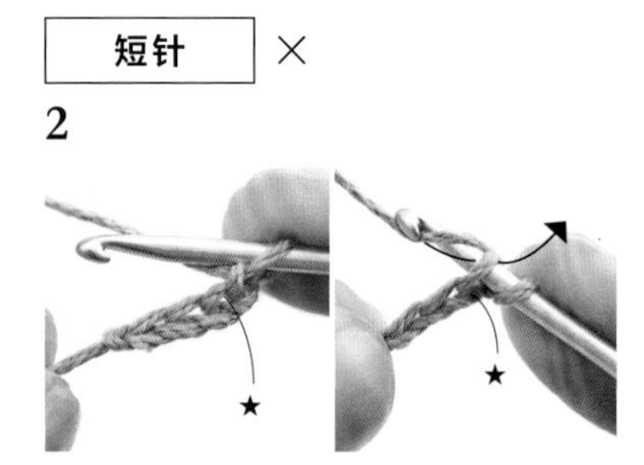

在起针行的末端（第 3 针★）上入针，针尖挂线后引出。

3

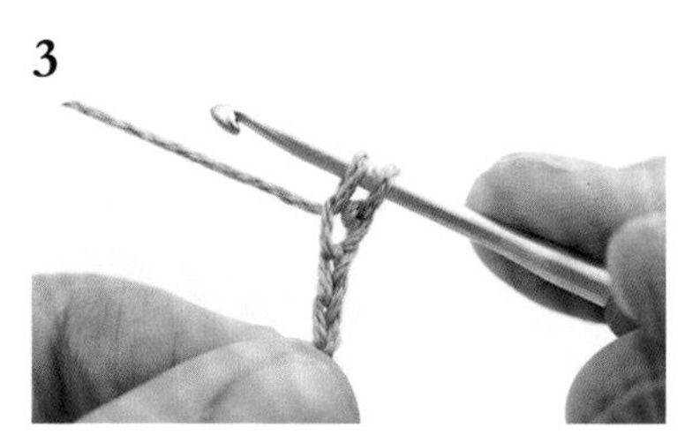

引出线后的状态。针尖上挂着 2 根线。

4

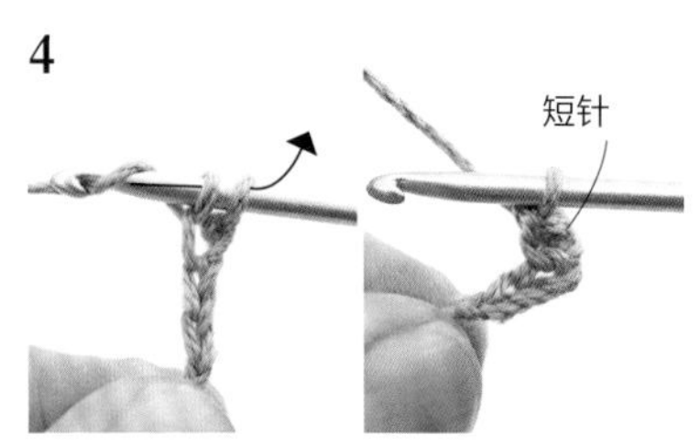

针尖挂线，一次性穿过 2 个线圈。完成 1 针短针。

5

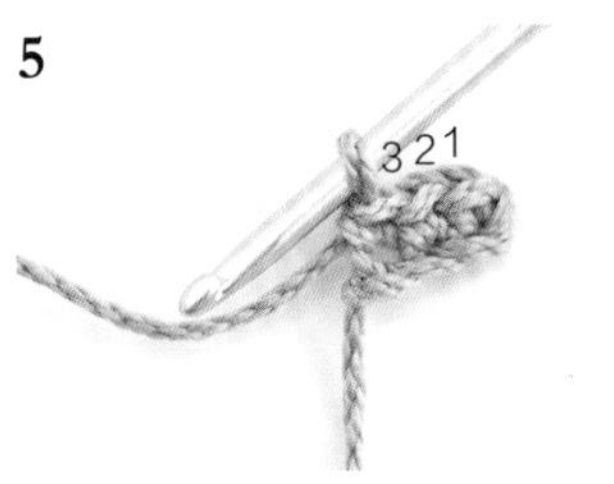

在余下的 2 针锁针上也分别钩 1 针短针。完成第 1 行。

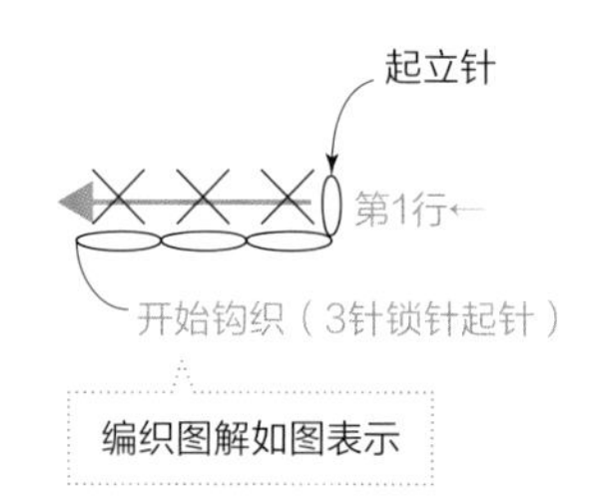

6

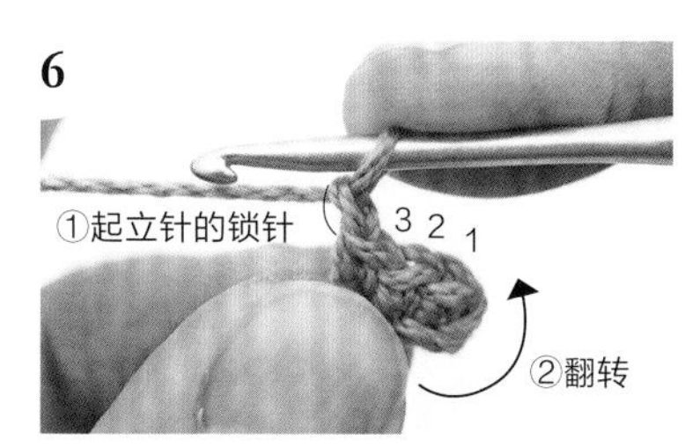

钩织第2行。先钩1针锁针（起立针的锁针），然后钩针保持不动，按逆时针方向水平翻转织片。

7

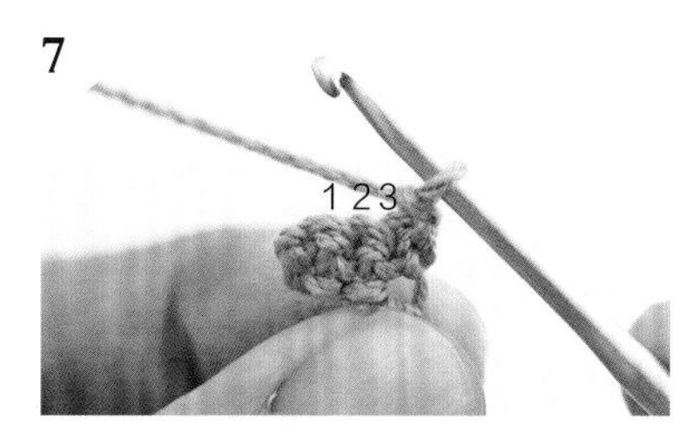

翻转后的状态。**请注意，钩好锁针后如果不翻转织片，线会扭曲。**

8

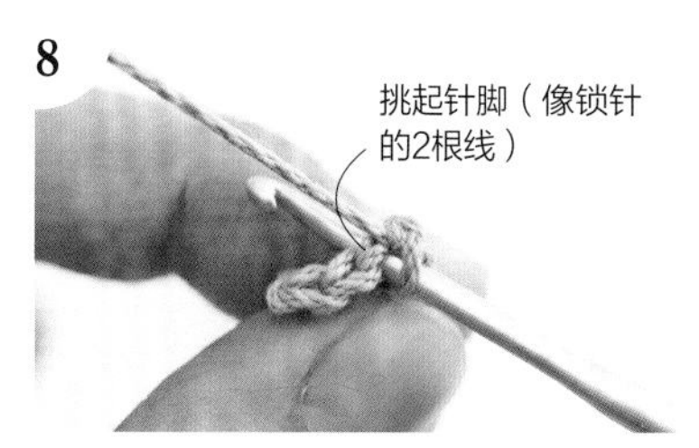

在第1行末端的短针上入针，钩短针。

9

引出线后的状态。针尖再次挂线，一次性引拔穿过针上的2个线圈。

10

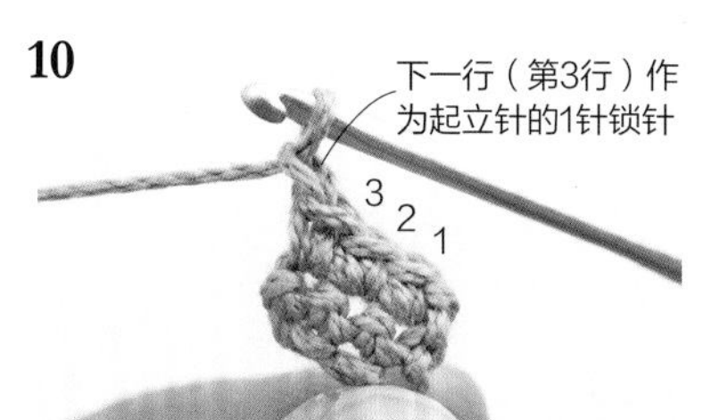

钩1针短针。按同样的方法再钩2针短针，完成第2行。从第3行开始，按和第2行同样的方法钩织。

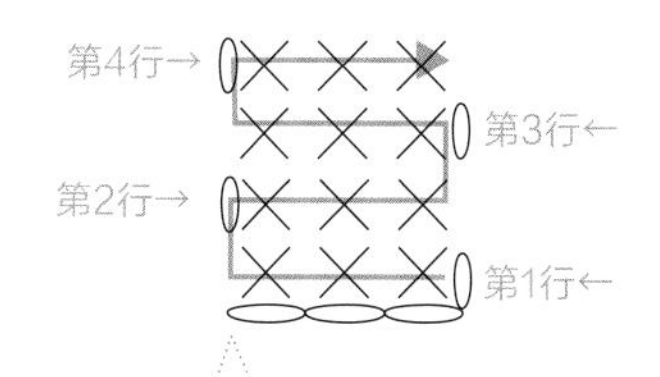

从第3行开始，按和第2行同样的方法，一边翻转织片，一边进行钩织。

B型：短针（纵向）

起针

除了每行的针数（长度）比较多以外，钩织方法和A型是一样的。按指定针数起针，钩织各行。

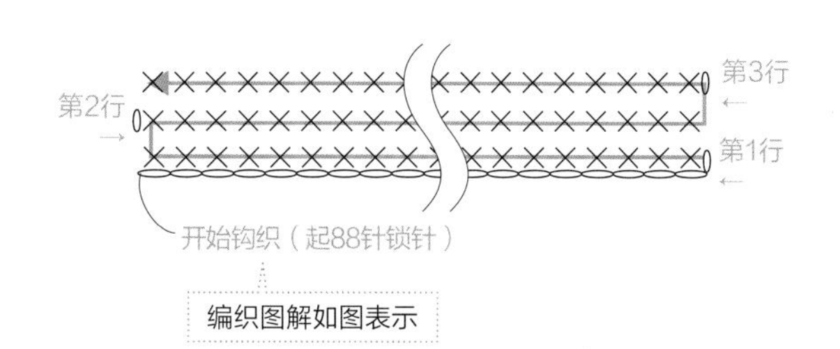

编织图解如图表示

C 型：虾辫

1

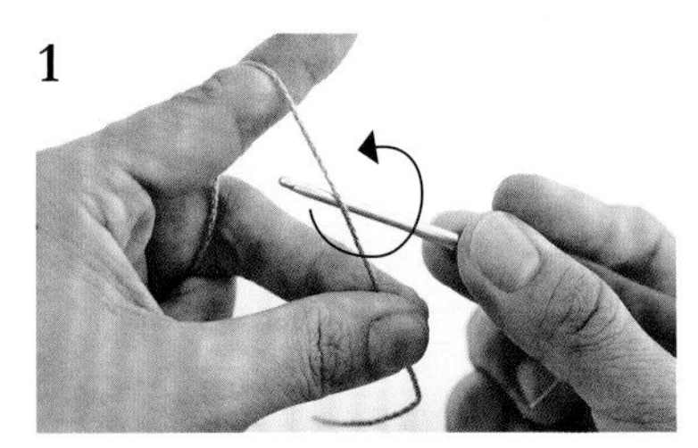

按照和 P45 同样的方法，左手挂线，右手持针。

2

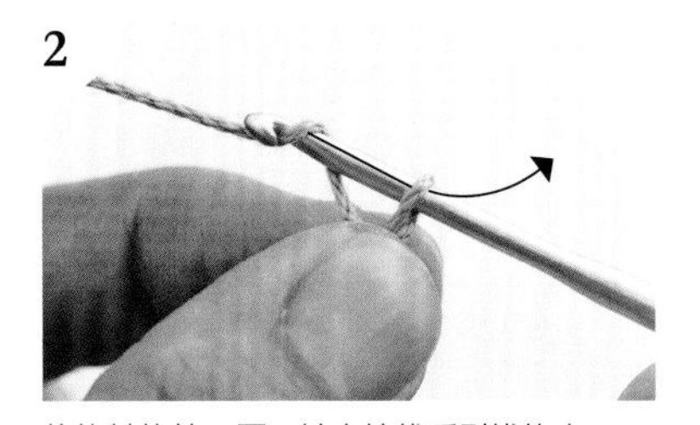

将钩针旋转一圈，针尖挂线后引拔钩出。

3

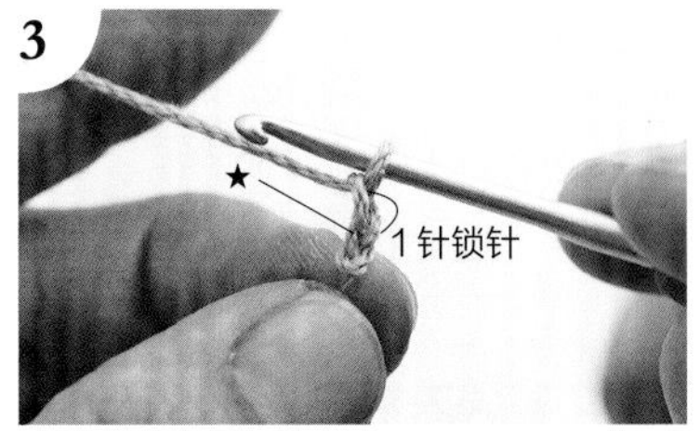

钩出一个结后不要拉紧线，再钩 1 针锁针。

4

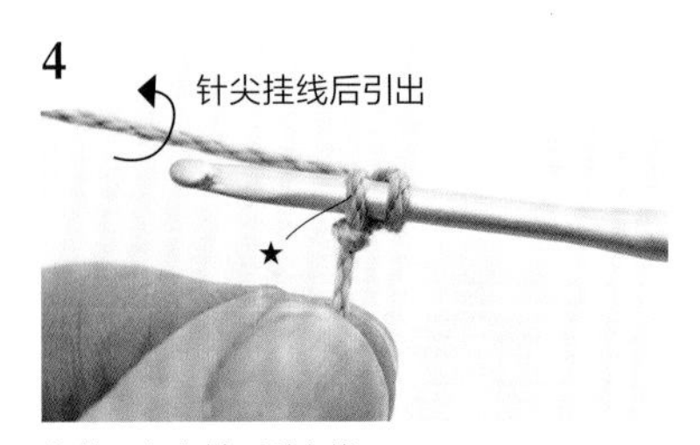

在结★上入针，引出线。

5

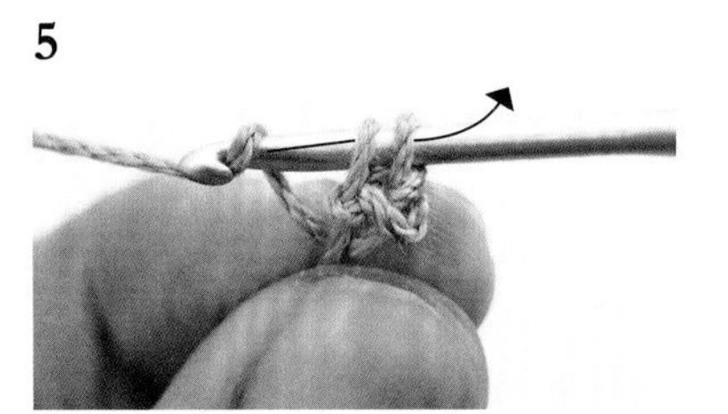

针尖挂线，一次性引拔穿过针上挂着的 2 个线圈。

6

引拔完成后。这是虾辫的第 1 针。**完成这一针后请拉紧线头。**

7

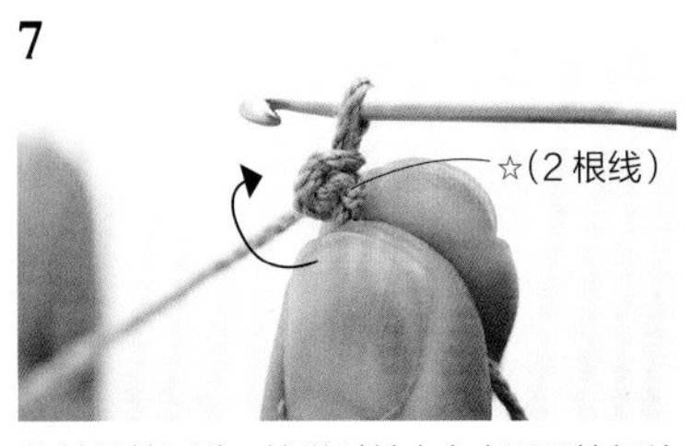

钩针保持不动，按逆时针方向水平翻转织片（如图所示），然后钩第 2 针虾辫。

8

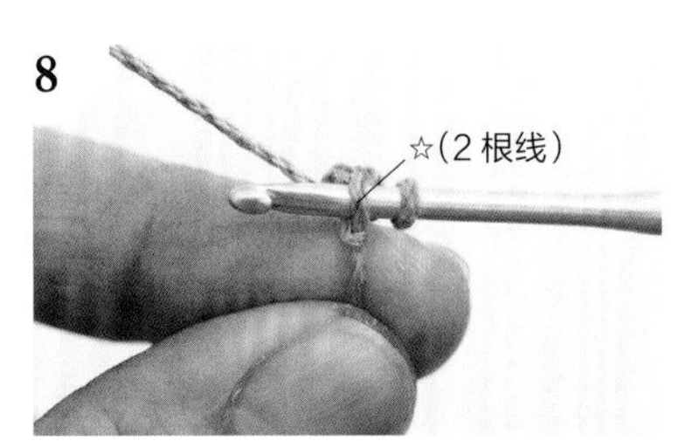

在针脚下的 2 根线（☆）处入针，引出线，按钩短针的方法钩 1 针。

9

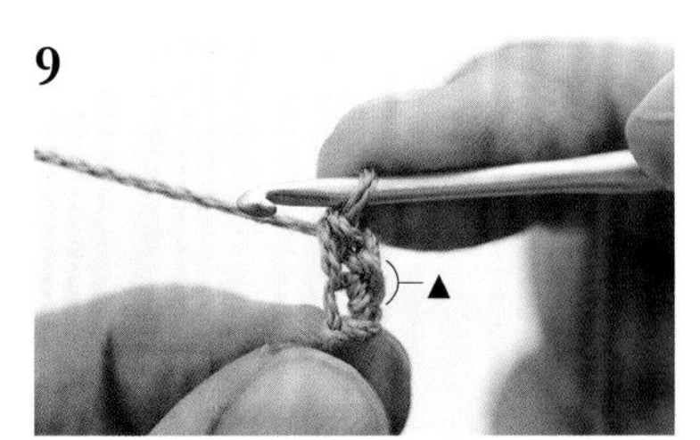

虾辫的第 2 针钩好了。

10

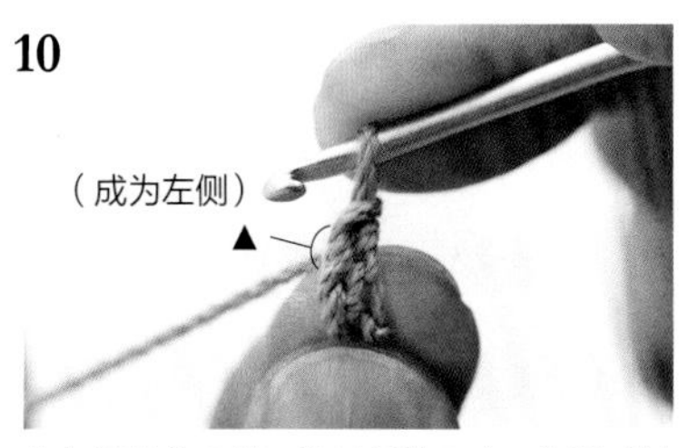

钩虾辫的第 3 针。钩针保持不动，按逆时针方向水平翻转织片。

11

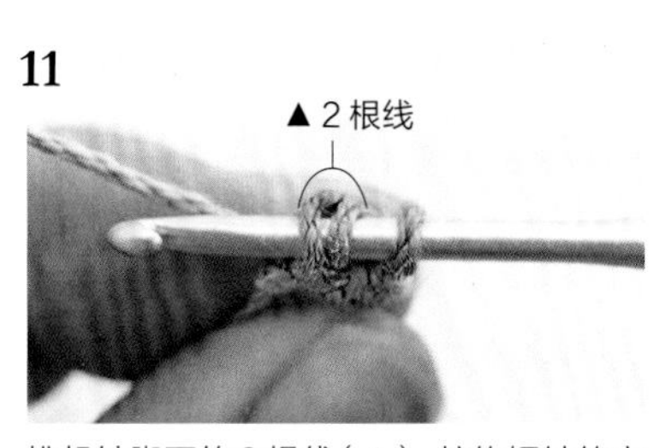

挑起针脚下的 2 根线（▲），按钩短针的方法钩 1 针。

12

从第 4 针开始，按前 3 针的步骤重复钩织（步骤 **10~11**）。

插扣的缝合方法

1

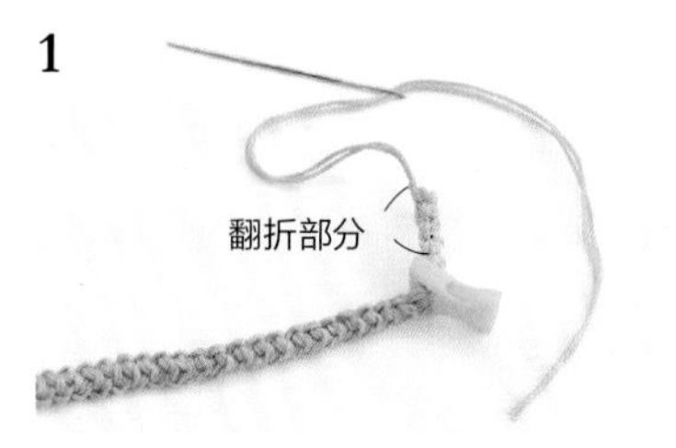

项圈的一端插进插扣里，将保留的 15cm 长的线头穿在针上。

2

在钩针针脚的中间入针，穿入对侧。

3

回缝一针，也在钩针针脚的中间入针。按同样的方法再缝几针。

4

最后打一个止缝结（线比较粗的话，请参考步骤 **6**）。在最后一针的出针位置，将线在针上绕几圈，用手指压住线圈部分并拔出针。

5

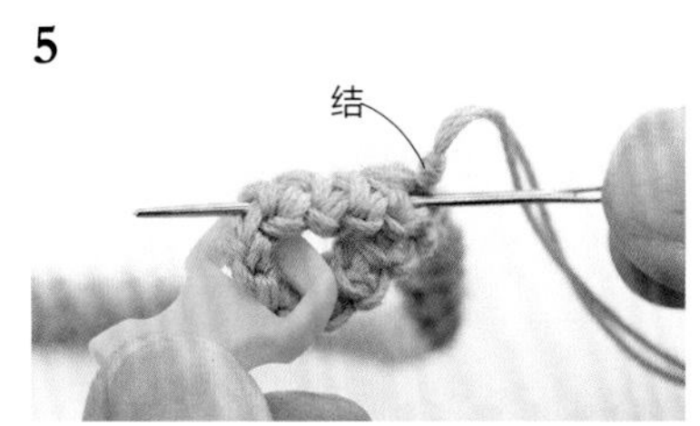

把打好的结藏进去。再次在打结的位置入针，从旁边出针。

6

剪断露出表面的线，完成缝合。对侧也用同样的方法缝合。

猫咪“模特”和猫咪“测评官”

在此介绍一下协助拍摄的猫咪“模特”和试戴项圈的猫咪“测评官”。
衷心感谢协助本书制作的猫咪们。

猫咪“模特”

小町 成年母猫
曼赤肯猫
封面 / P10 / P14 / P39

露娜 幼年母猫
俄罗斯蓝猫
P8 / P12 / P13 / P35

小雪 成年母猫
曼赤肯猫
P17 / P23 / P34

志治 成年母猫
异国短毛猫
P25 / P32

巧克 成年公猫
孟加拉猫
P18 / P20 / P31

莱欧 成年公猫
拿破仑猫
P37 / P38

海斗 成年公猫
美国短毛猫
P8 / P11

大酱 成年公猫
苏格兰立耳猫
P11 / P29

小步舞曲猫咪四兄弟
每只猫都不一样!

P21　P24　P30　P33

P19

孟买猫 成年母猫
引以为傲的黑色毛发!

小八 成年公猫
曼赤肯猫
P5

樱 成年公猫
新加坡猫
P26

本本 成年母猫
孟加拉猫
P36

乔乔 成年母猫
白波斯猫
P22

信长 成年公猫
美国反耳猫
P27

猫咪“测评官”

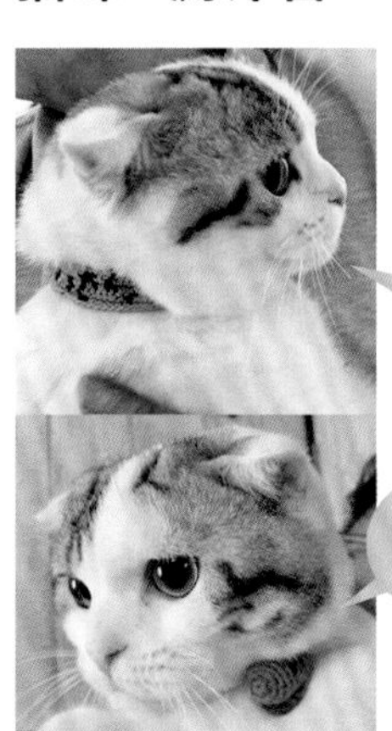

尼诺
成年公猫
苏格兰折耳猫

三毛子
成年母猫
三花猫

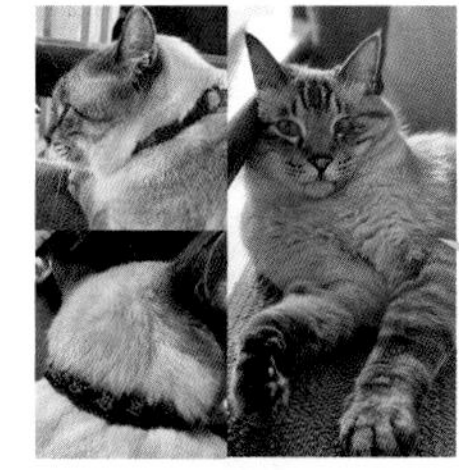

Qoo 成年公猫
杂交暹罗猫

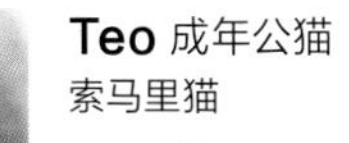

Teo 成年公猫
索马里猫

猫咪“模特”摄影协助单位

猫国度春日部西口店
邮政编码 344-0067
埼玉县春日部市中央 1 丁目
MK 大厦 V301 号 16-1

Solgreen
邮政编码 310-0852
茨城县水户市笠原町 507-1

co 君的别墅 - 猫咖啡 八王子店
邮政编码 192-0083
东京都八王子市旭町 1-12

作品的制作方法

请按照从 P58 开始的教程钩织各作品，并阅读下文的说明。

项圈的基本钩织方法　P44~49
插扣的缝合方法　P49
首字母挂坠的钩织方法　P54~56
铃铛挂坠的缝合方法 / 使用 2 股线进行钩织的方法 / 换线方法　P57
钩针编织基础　P90

如下图所示，按照各个作品的编织图和文字说明，有序地进行制作吧！

1 准备工具和材料

工具和线材 ▶ P42

一团线就足够了。也可以换用各种喜欢的颜色。

安全插扣可以在网上买到。本书中使用的是Duraflex公司的10mm宽安全插扣。

◀**安全插扣**

在强力拉扯下容易松开的设计。

关于尺寸

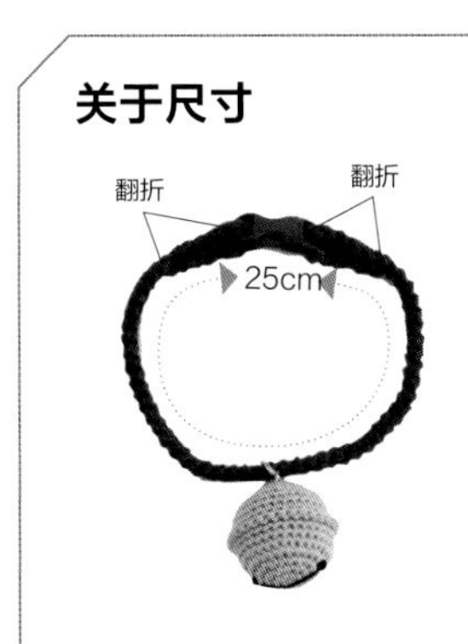

本书作品是按成年猫颈围的平均尺寸——25cm进行制作的，通过调整两端翻折部分的长度，也可以调节颈围（除了第36页上使用松紧带的作品）。请按照猫咪的颈围作出调整。

颈围标准

小码	22~23cm
均码	25cm
大码	27~28cm

2 一边看编织图，一边进行钩织

表示行数（圈数），按数字顺序进行钩织

穿插扣的位置。保留约 15cm 长的线头。

插扣的缝合方法 ▶ P49

②→ ←③ ←①

钩织开始 锁针（95针）起针

从此处开始钩织

用针法符号的图示表示针数

钩针基本针法 & 符号 ▶ P91

编织图大体上分为3种类型，如右所示。

往返钩织

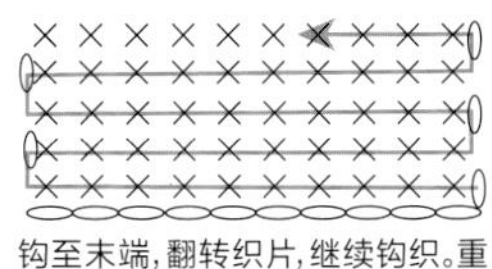

钩至末端，翻转织片，继续钩织。重复此步骤。

▶ P46

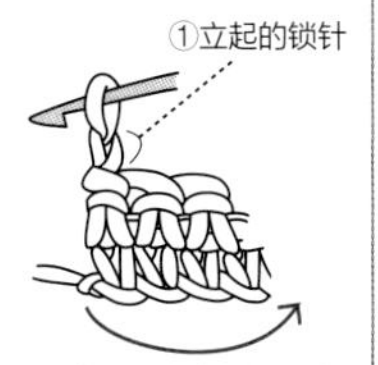

环形钩织

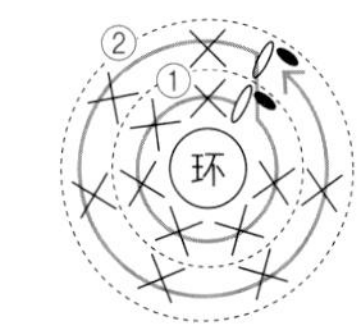

从环形起针开始，环形钩织。

▶ P54

筒状钩织

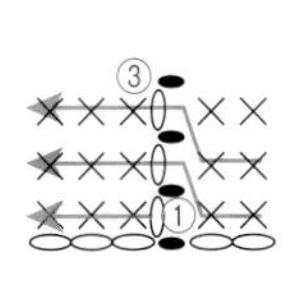

从锁针起针开始，筒状钩织。

▶ P55

3 藏线

还差最后一步了！

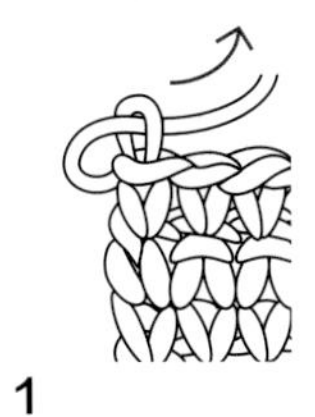

1

按编织图钩至最后，保留10~15cm长的余线，剪断线，取下钩针，将线头穿过最后一个线圈，拉紧线圈（收针）。

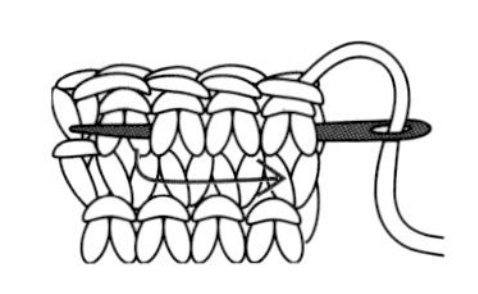

2

将余线穿上缝针，在织片内侧穿缝几针后剪断剩下的线（在◎的位置穿上插扣）。

第 2 行以后的挑针方法

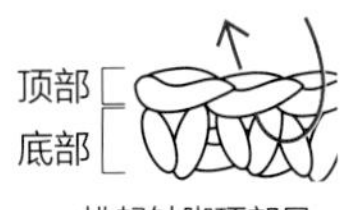

挑起针脚顶部呈锁针状的2股线

其他：条纹针的挑针方法

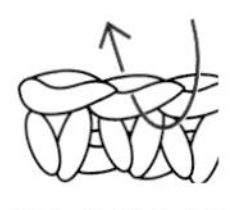

挑起外侧的半针

重点教程

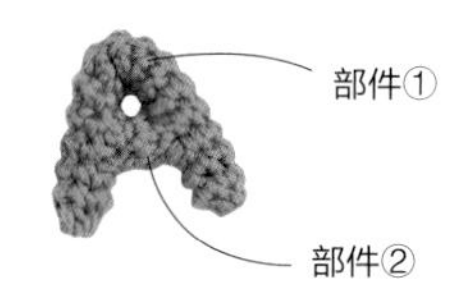

P5 首字母挂坠的钩织方法

部件①从环形起针开始钩织

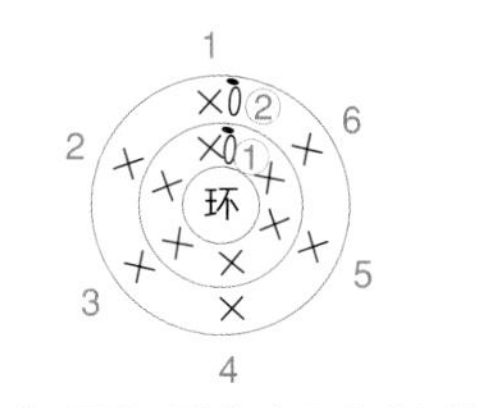

※第2圈以后按指定圈数进行钩织

1

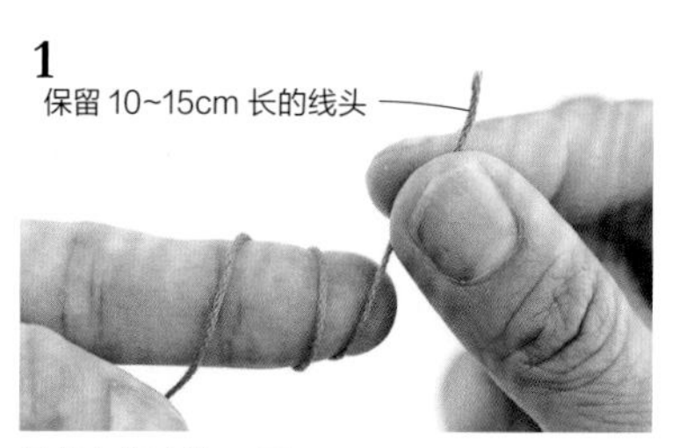

将线在指尖绕 2 圈。

2

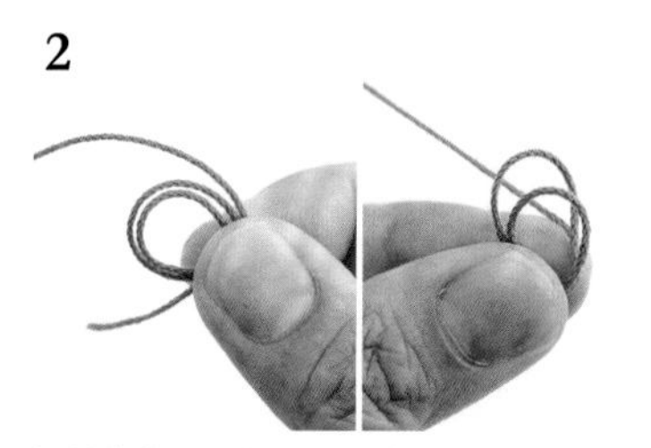

捏住线的交叉部分以防止松脱，将线圈从指尖取下，再换用左手持线。

3

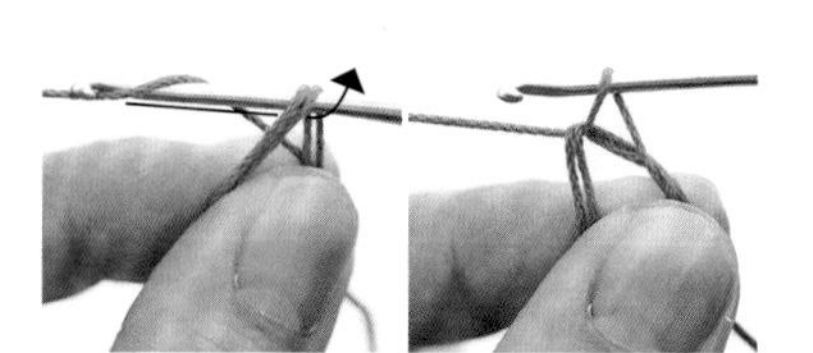

在线圈中入针，针尖挂线后引出。

4

保持针尖挂线的状态，再次挂线并引拔，钩出线结。从这个状态开始，按照编织图开始钩第 1 圈。

5

钩第 1 圈开始处的立起的 1 针锁针。

6

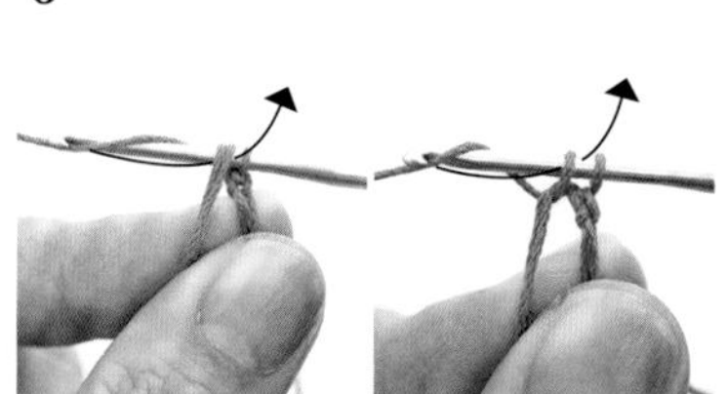

在线圈中入针，针尖挂线后引出，钩 1 针短针。

7

钩出 1 针短针。

8

按同样的方法再钩 5 针短针，线圈内共钩出 6 针短针。

9

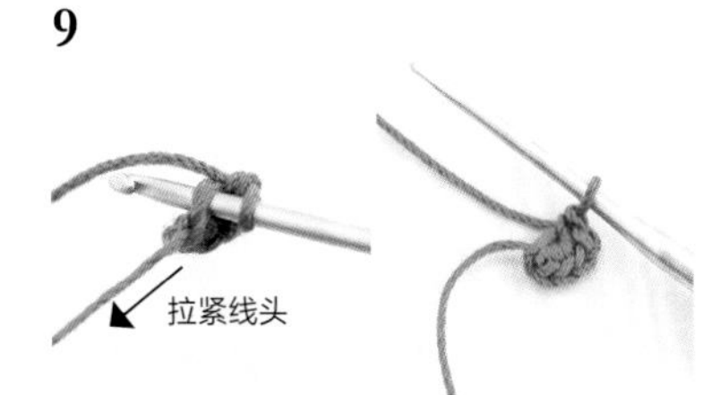

在线圈中入针后拉紧线头，收紧线圈。然后将钩针从线圈中取出，进一步拉紧线。

10

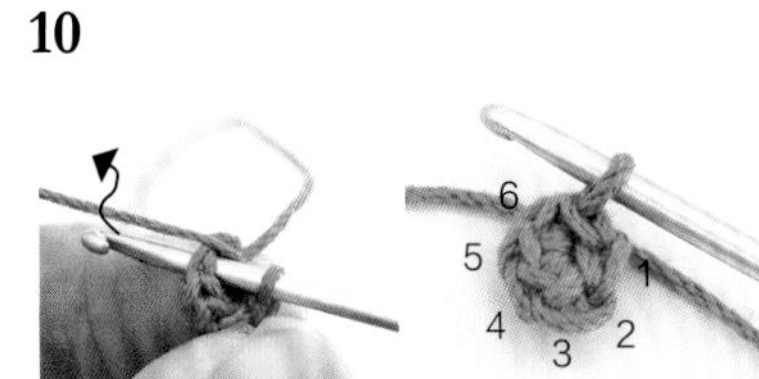

在第 1 针短针上入针，针尖挂线后引拔（引拔针），完成第 1 圈。

11

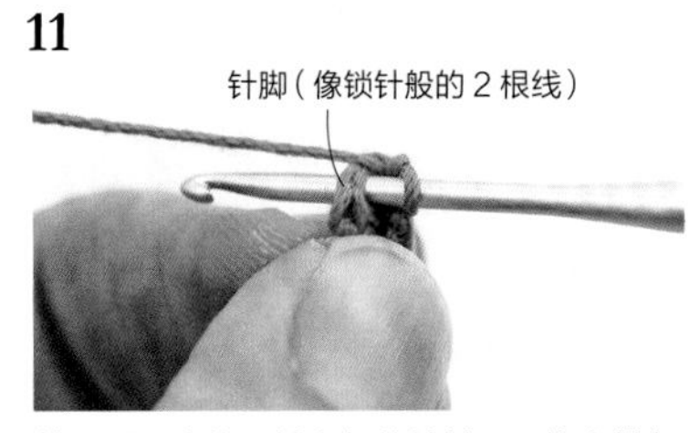

第 2 圈：先钩 1 针立起的锁针，再依次挑起上一圈短针的针脚，钩 6 针短针。
从第 2 圈开始，都按以上方法，先钩 1 针立起的锁针，再钩 6 针短针，最后钩引拔针。钩至指定的圈数。

12

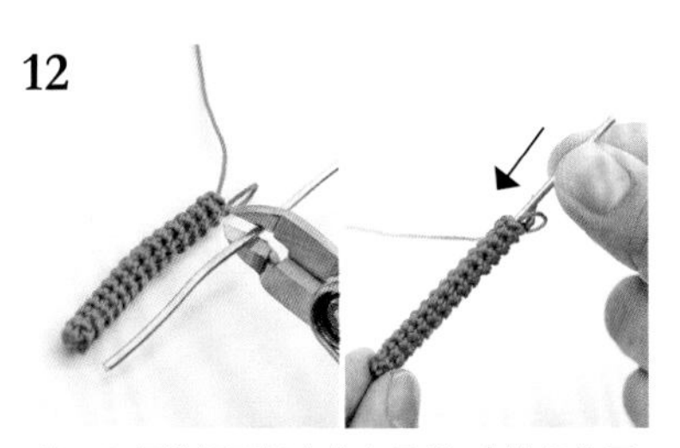

剪下和织片相同长度的金属丝，塞进织片里。**出于安全性的考虑，请使用不容易折断的玩偶专用金属丝（手工专用铝丝 / 和麻纳卡）。**

13

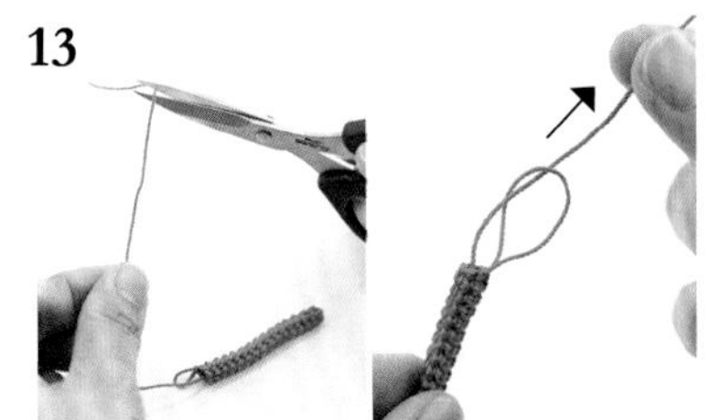

留下 15cm 长的线头后剪断线，取出钩针，将线头穿过最后一个线圈，拉紧线圈。

14

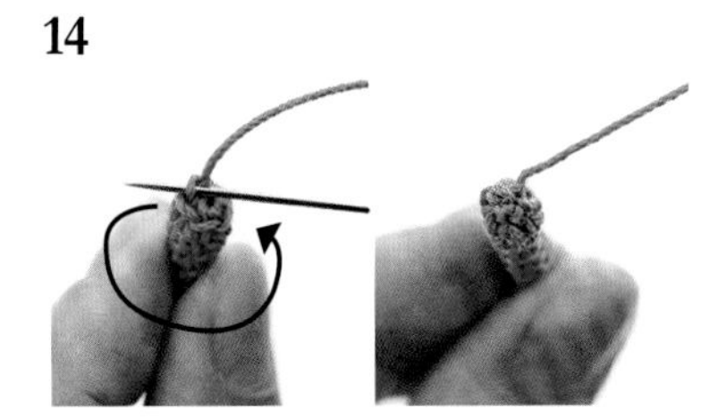

将线头穿在缝针上，挑起最后一圈外侧的半针，缝一圈并拉紧线，收口。

15

与收口处相隔一段距离处出针，剪断线，完成此部件。

部件②从锁针环开始柱状钩织

※从第2圈开始，按指定的圈数钩织

1

钩 5 针锁针（钩织方法请参考 P45, 46）。

2

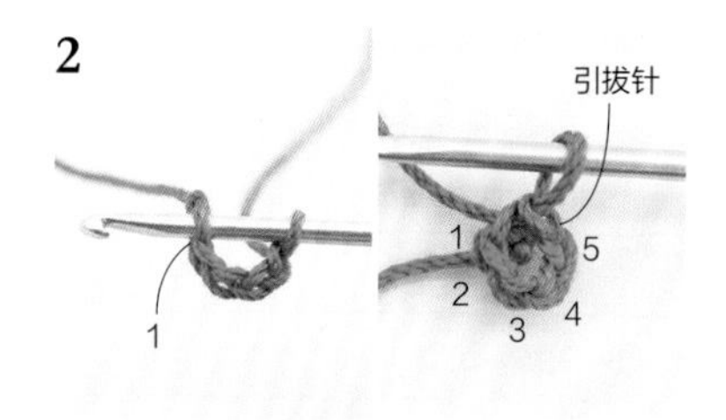

在第1针的里山（P90）入针，针尖挂线后引拔（钩引拔针），完成起针。在此基础上钩第1圈。

3

先钩1针立起的锁针。

4

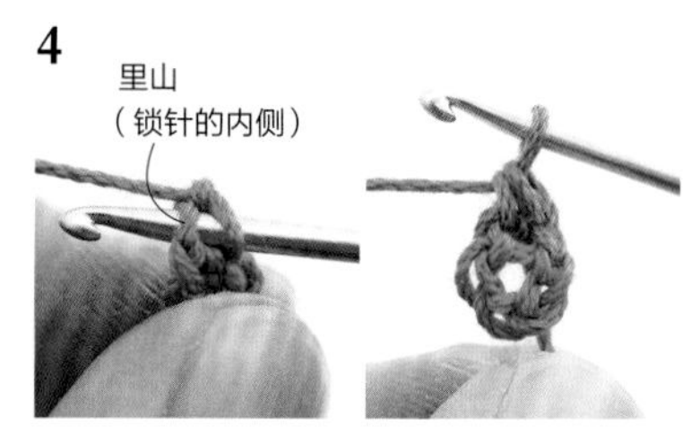

按和步骤2同样的方法，挑起第1针的里山，钩1针短针。

5

按同样的方法，钩5针短针，最后在第1针上钩引拔针，完成第1圈。

6

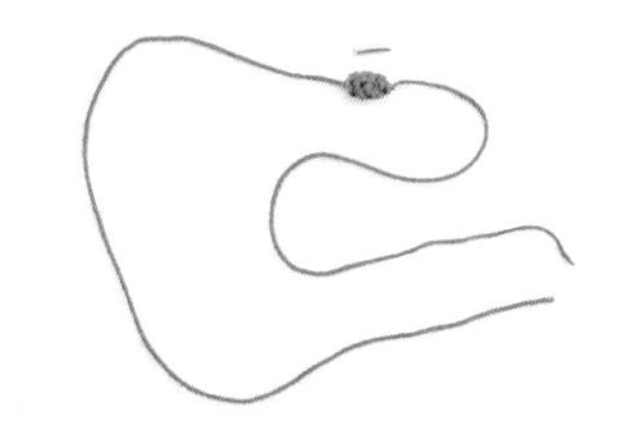

以后的各圈都是先钩1针立起的锁针，再钩5针短针，最后钩引拔针，完成部件②。按和制作部件①同样的方法穿上铝丝，但不要缝合开口。

组合两个部件

1

弯折部件①。

2

将部件②所留的线头穿在缝针上，交替挑起部件②末圈的针脚和部件①的针脚，进行缝合。最后从相隔一段距离处出针，剪断余线。

3

用老虎钳将小号C型圈拧开，穿在组合好的部件的针脚上。C型圈的位置在部件顶端，穿的时候请注意保持平衡。

4

将大号C型圈穿在项圈上，再穿上小号C型圈。最后用老虎钳拧合小号C型圈，完成制作。

P14 铃铛挂坠的缝合方法

1

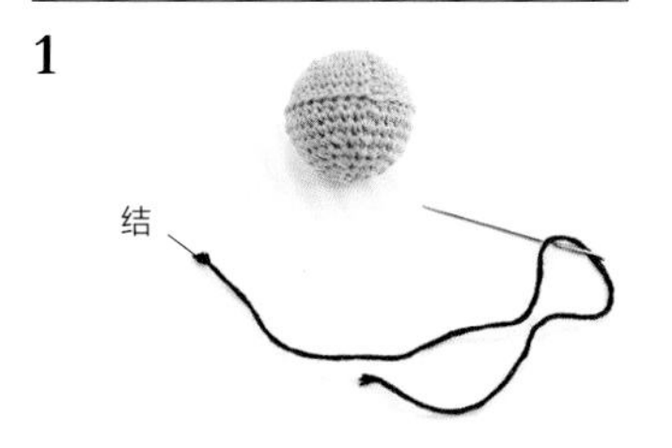

先按编织图钩织铃铛，再绣制铃铛孔。取6股刺绣线，穿上绣花针并在一端打结。

2

在铃铛的下侧入针，从刺绣位置出针，拉紧线，将打的结拉进铃铛内部藏起。

3

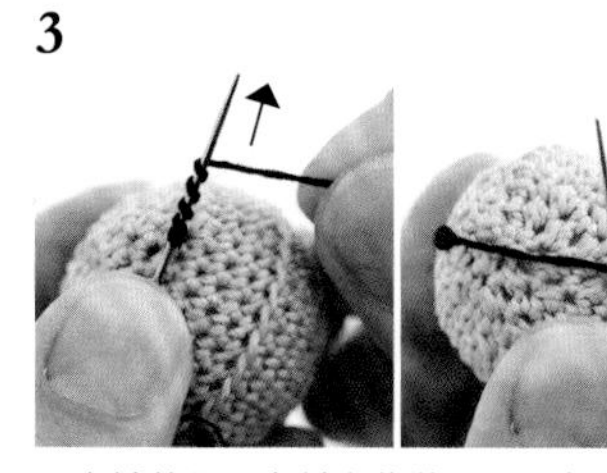

于出针位置，在针上绕线5圈，拉出针打一个结。将线拉至对侧后挑线，按同样的方法再打一个结。最后从相隔一段距离处出针，剪断线。

4

开始钩织铃铛的边缘部分。在短针的条纹针的那一圈上入针后引出线，钩1针立起的锁针，在同一位置再钩1针短针。

5

挑起下一针条纹针，钩1针短针。

6

按同样的方法钩一圈短针，在第一针短针上钩引拔。剪断线，穿针后藏线，最后剪断余线，制作完成。

使用2股线进行钩织的方法

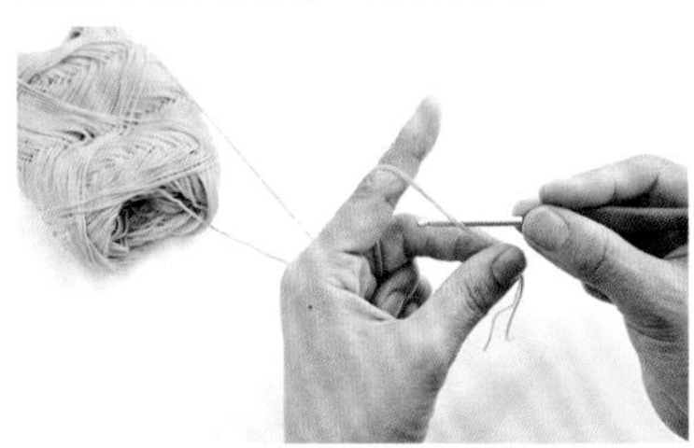

基本方法是从两团线上各拉出一股线后合并使用。在只有一团线可用的情况下，则分别从线团中心和外侧各拉出一股线后合并使用。

换线方法

1

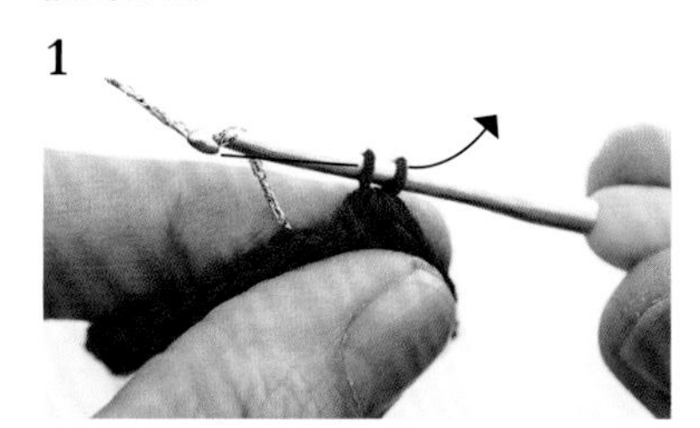

在需要换线的前一针最后引拔时，换持新线。

2

针尖挂新线后引拔，完成换线。

P5 | 首字母项圈

挂坠
2.5cm×2.5cm

◆ **材料和线**

线 项圈：黄色 / 和麻纳卡 水洗棉线 < 钩织 >（104） 3g
挂坠：4 色 / 和麻纳卡 水洗棉线 < 钩织 >
橙色（140）、蓝色（144）、粉红色（146）、绿色（142） 各 1~2g

针 钩针 6/0 号、2/0 号，缝针

其他 安全插扣 10mm 各 1 个
和麻纳卡 手工专用铝丝（直径 2mm）
H204-633 适量
C 型圈 5mm、10mm 各 1 个
老虎钳

◆ **制作方法**

1. 取 2 股线，钩 30cm 长的虾辫（P48）。钩织开始和钩织完成处各留约 15cm 长的线头，用来缝合插扣。
2. 钩织各个部件（P54）。※ 按和部件②同样的方法钩部件③，按和部件①同样的方法钩织部件④。
3. 在各部件中插进铝丝（制作部件①时，挑起最后一圈的半针后收紧开口并缝合），缝合各个部件。
4. 安装 C 型圈（P56）。
5. 将挂坠穿在项圈上，项圈两端的◎记号处穿上安全插扣后缝合（P49）。

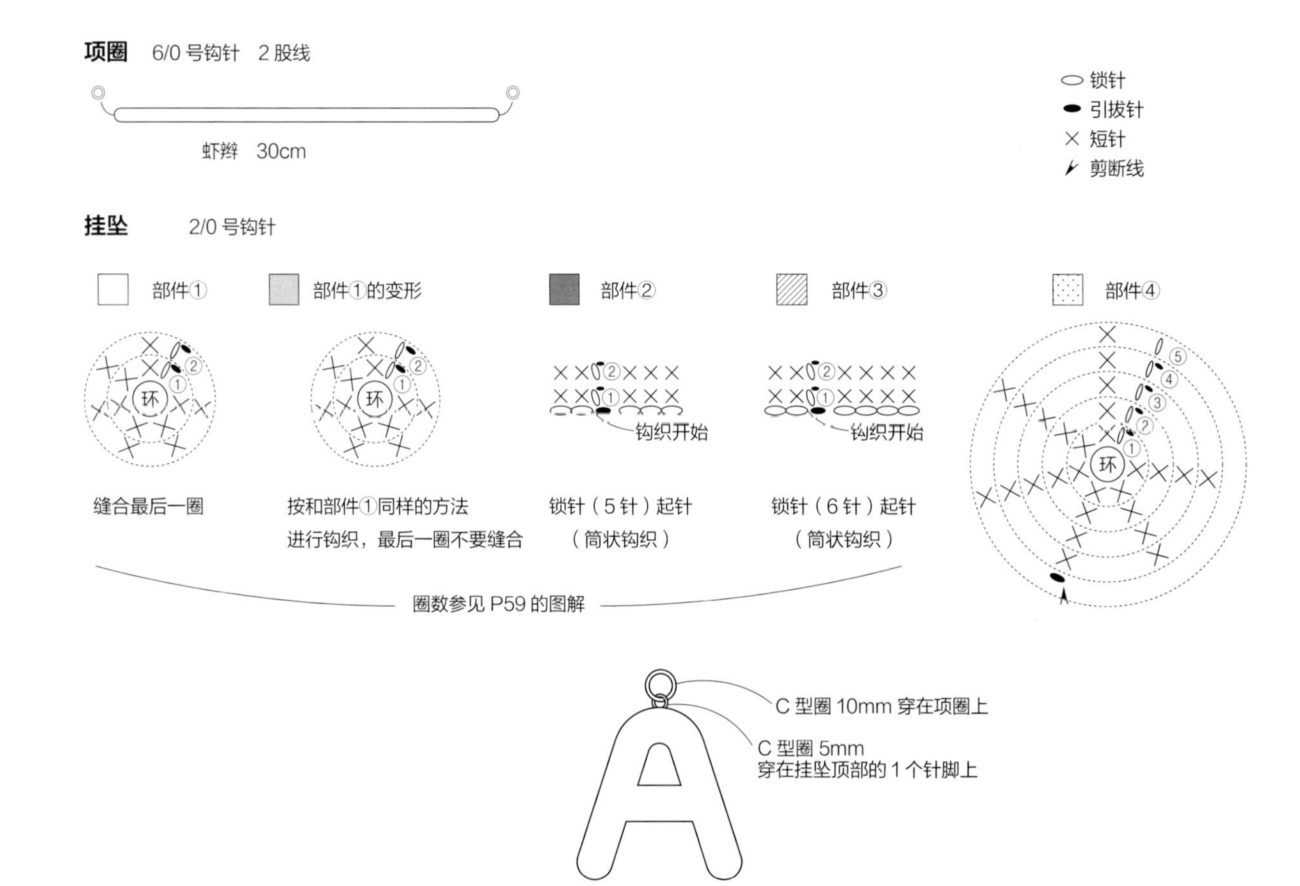

※A~Z 的颜色参见 P6,7。

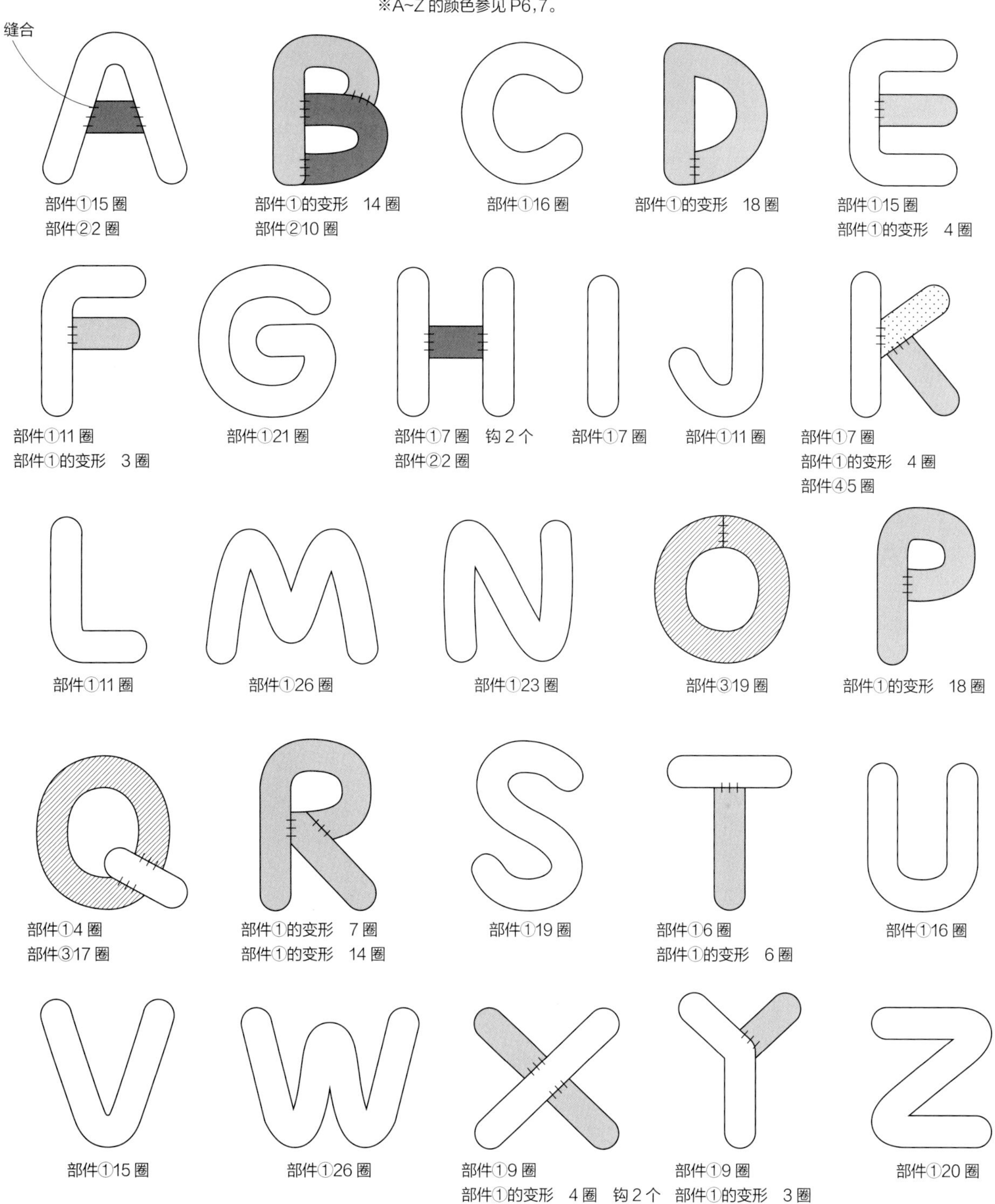

缝合
部件①15 圈
部件②2 圈
部件①的变形　14 圈
部件②10 圈
部件①16 圈
部件①的变形　18 圈
部件①15 圈
部件①的变形　4 圈
部件①11 圈
部件①的变形　3 圈
部件①21 圈
部件①7 圈　钩 2 个
部件②2 圈
部件①7 圈
部件①11 圈
部件①7 圈
部件①的变形　4 圈
部件④5 圈
部件①11 圈
部件①26 圈
部件①23 圈
部件③19 圈
部件①的变形　18 圈
部件①4 圈
部件③17 圈
部件①的变形　7 圈
部件①的变形　14 圈
部件①19 圈
部件①6 圈
部件①的变形　6 圈
部件①16 圈
部件①15 圈
部件①26 圈
部件①9 圈
部件①的变形　4 圈　钩 2 个
部件①9 圈
部件①的变形　3 圈
部件①20 圈

P8 | 肉球项圈

挂坠
直径2.7cm

◆ **材料和线**

线 项圈：浅蓝色 / 和麻纳卡 Aprico 棉线 <银丝>（118） 2g
挂坠：2 色 / 和麻纳卡 水洗棉线 <钩织> 白色（101） 1g、肉粉色（139） 1g

针 钩针 3/0 号，缝针

其他 安全插扣 10mm 1 个
老虎钳

◆ **制作方法**

1. 钩织项圈（P47）。
2. 环形起针，钩 7 针短针。
3. 一边加针一边钩织，钩出 2 个圆形织片，在其中一个织片上钩线圈。
4. 将肉球缝在挂坠上，进行刺绣。
5. 卷缝 2 个圆形织片，固定线圈。
6. 将挂坠穿在项圈上，在两端◎记号处穿上安全插扣并缝合（P49）。

项圈

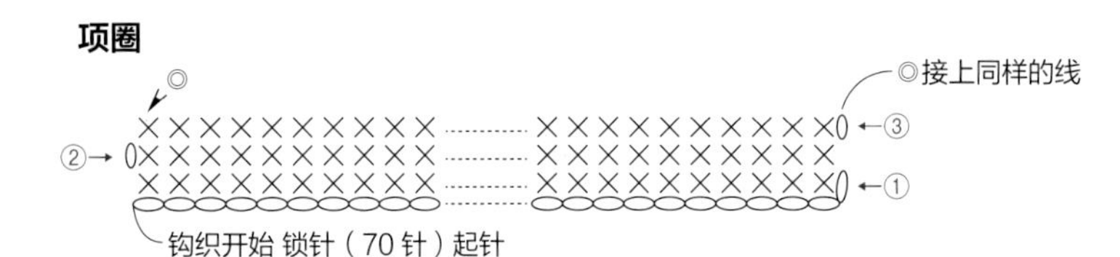

挂坠（2 个）

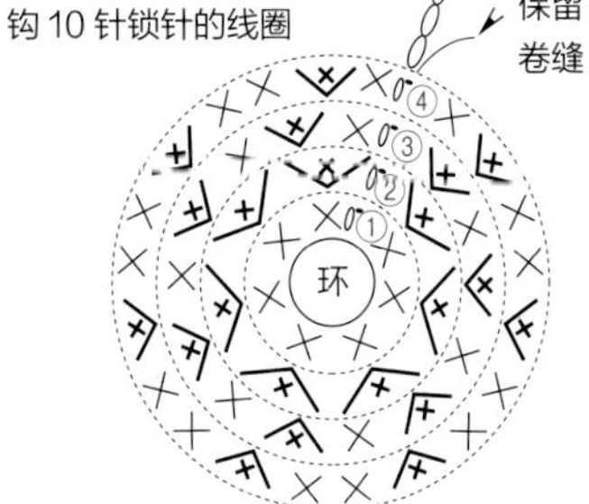

⬭ 锁针
● 引拔针
× 短针
短针 1 针分 2 针
中长针 1 针分 2 针
长针 1 针分 3 针
剪断线

针数表

圈数	针数	加减针
4	28	每圈 +7 针
3	21	
2	14	
1	7	环钩 7 针

肉球（1 个）

钩织结束
保留 50cm 长的线头后剪断线
作无痕收针（P95）
最后缝在挂坠上并刺绣

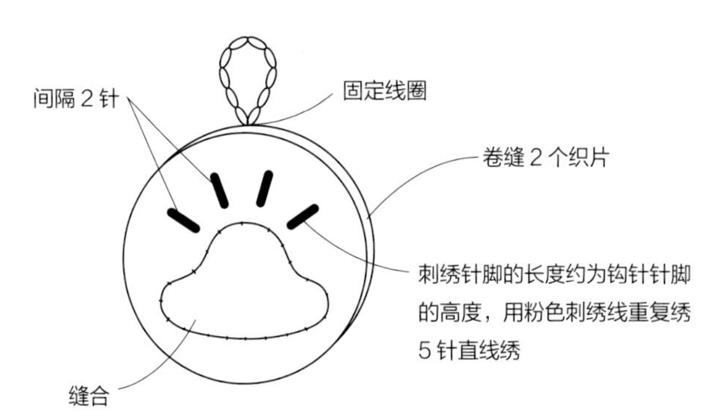

P8 | 小鱼项圈

挂坠
2.2cm×4cm

◆ 材料和线

线 项圈：白色 / 和麻纳卡 水洗棉线 < 钩织 >（101） 3g
挂坠：4 色 / 和麻纳卡 水洗棉线 < 钩织 > 白色（101）、浅蓝色（143）、深蓝色（123）、浅紫色（148） 各 1g

针 钩针 6/0 号（项圈）、2/0 号（挂坠），缝针

其他 安全插扣 10mm 1 个
C 型圈 5mm、10mm 各 1 个
填充棉 少量
老虎钳

◆ 制作方法

1. 取 2 股线，钩 30cm 长的虾辫（P48）。钩织开始和钩织完成处各留约 15cm 长的线头，用来缝合插扣。
2. 环形起针，钩 6 针锁针（环形起针 P54）。
3. 一边加针一边钩织，钩至第 13 圈后向里塞填充棉，再钩第 14 圈。
4. 用第 13 圈结束处的余线，缝抽褶缝并拉紧第 13 圈。
5. 用蓝色的刺绣线绣上眼睛。
6. 安装 C 型圈（P56）。
7. 将挂坠穿在项圈上，在两端◎记号处穿上安全插扣并缝合（P49）。

项圈 6/0 号钩针 2 股线

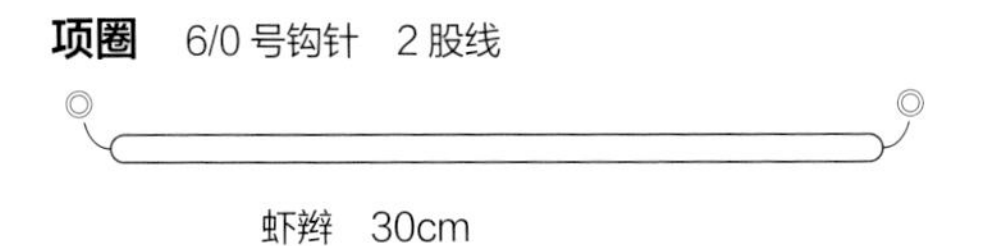

小鱼挂坠 2/0 号钩针

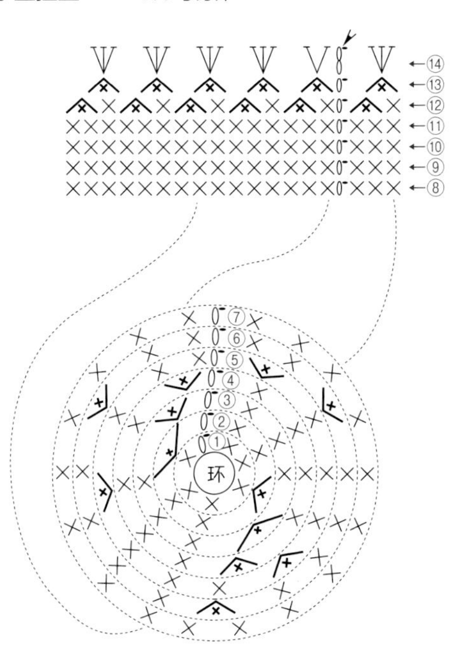

⬭ 锁针
⬬ 引拔针
× 短针
短针 1 针分 2 针
短针 2 针并 1 针
V 中长针 1 针分 2 针
中长针 1 针分 3 针
剪断线

针数表

圈数	针数	加减针	颜色
14	18	+12 针	深蓝色
13	6	每圈 −6 针	浅蓝色
12	12		浅紫色
11	18	无加减	深蓝色
10	18		浅蓝色
9	18		浅紫色
8	18		深蓝色
7	18		浅蓝色
6	18	每圈 +3 针	浅紫色
5	15		深蓝色
4	12	每圈 +2 针	白色
3	10		白色
2	8		白色
1	6	环钩 6 针	白色

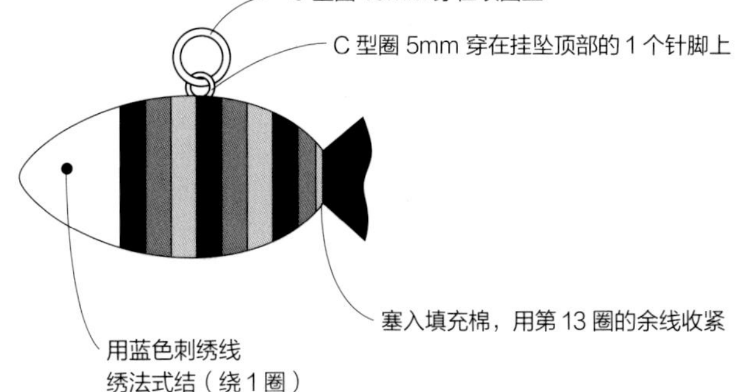

P10,11 | 三花猫花纹项圈、单色项圈、条纹项圈

挂坠直径1.5cm

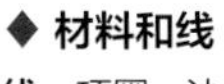

◆ **材料和线**

线 项圈：沙色 / 横田 GIMA 棉麻线（6） 5m
挂坠：单色图案 / 横田 30 号蕾丝线“葵”肉桂色（11） 4m
条纹图案 / 横田 30 号蕾丝线“葵”银色（13） 4m
三花猫图案 / 横田 30 号蕾丝线“葵”生成色（2） 4m

针 钩针 8/0 号（项圈）、蕾丝钩针 2 号，缝针

其他 安全插扣 10mm 各 1 个
御幸 3cut 米珠 单色图案 / 134D 100 颗
条纹图案 / 576 60 颗、387 40 颗
三花猫图案 / 131 53 颗、134D 23 颗、387 24 颗
手缝线 适量

◆ **制作方法**

1. 使用 GIMA 线，钩项圈需要的 75 针（25cm 长）虾辫（P48）。
2. 将米珠全部穿在蕾丝线上。
3. 环形起针开始钩织（P54）。不要钩立起的锁针，按编织图直接螺旋钩织。
4. 从第 2 圈开始，一边挑上一圈的外半针，一边进行钩织。
5. 从第 6 圈开始，一边跳针一边钩织。
6. 将有米珠的织片反面用作正面，最后钩 10~15 针锁针用来制作线环（根据项圈的宽度决定针数）。
7. 将共用的线头塞入挂坠里，调整形状。
8. 将线环的线头缝在上一圈的第 3 针上，挑起余下针脚的外侧半针后收紧开口。
9. 将线圈穿在项圈上，项圈的两端◎记号处穿上插扣并缝合（P49）。

项圈 8/0 号钩针

◎ 虾辫 75 针 ◎

挂坠 2 号蕾丝钩针

保留约 25cm 长的线头并缝合

钩制作线环用的锁针链（10~15 针）

环

①②③④⑤⑥⑦⑧

● 钩入米珠

— 跳过针脚

针数表

圈数	针数	加减针
8	5	每圈 −5 针
7	10	
6	15	
5	20	无加减
4	20	每圈 +5 针
3	15	
2	10	
1	5	环钩 5 针

⬭ 锁针
● 引拔针
× 短针
× 短针的条纹针
ⅴ 短针的条纹针 1 针分 2 针
⸝ 剪断线

米珠配色表

单色图案 ○#134D　　线：肉桂色

钩织开始

颗数	100

条纹图案 ○#576（60 颗）●#387（40 颗）　　线：银色

钩织开始

颗数	9	4	2	2	8	5	2	8	22	7	1	6	6	3	4	3	3	2	3

三花猫图案 ○#131（53 颗）◎#134D（23 颗）●#387（24 颗）　　线：生成色

钩织开始

颗数	6	3	3	2	3	4	3	3	8	4	2	1	4	4	3	3	2	3	1	2	2	4	3	5	1	2	2	2	3	3	3	1	2	3

穿米珠的方法

米珠的孔很小，蕾丝线很难直接穿过，所以先将珠子穿在较细的手缝线上，再穿到蕾丝线上。

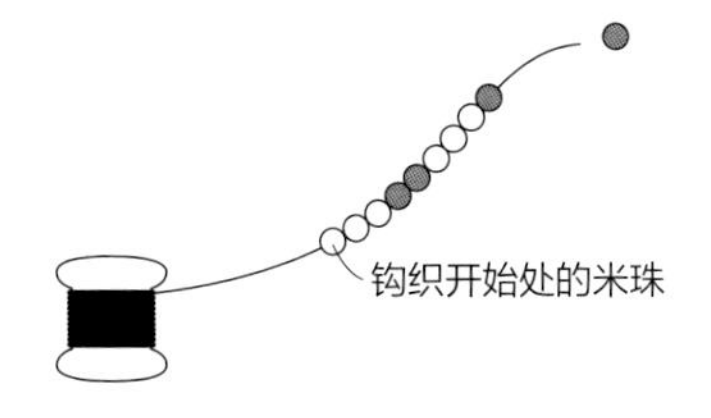

①按照配色表，将米珠全部穿在手缝线上。（从钩织开始处的米珠开始穿）。可以用穿珠专用针来穿，也可以用胶水固定线的顶端后直接穿。

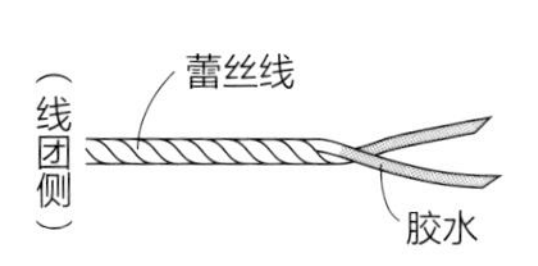

②将蕾丝线的顶端稍微拧散，斜着剪一刀，涂上胶水。

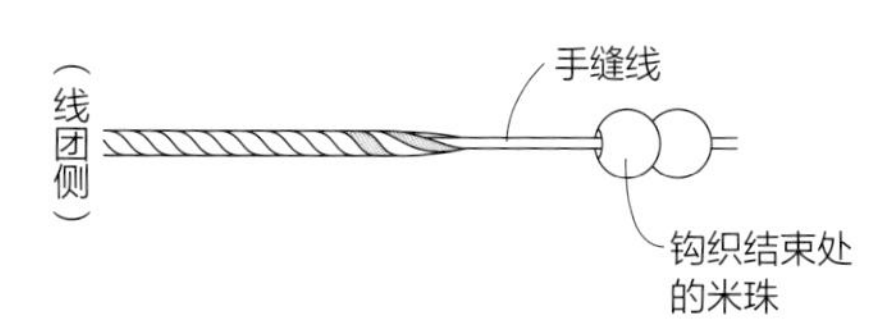

③将①的手缝线和蕾丝线拧在一起。将两种线合起来，拧紧并搓细，等待胶水干燥。

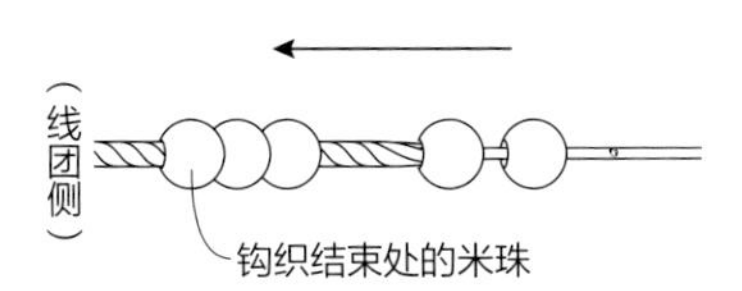

④将米珠从手缝线移到蕾丝线上。（从钩织结束处的米珠开始移）

织入米珠的方法

每钩一针时钩入一颗穿在蕾丝线上的米珠

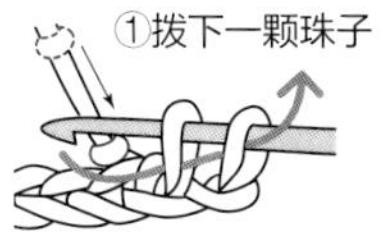

②将米珠上方的线挂在针尖后引拔（最后的引拔步骤）

米珠（织入背面）

P12 | 青虫项圈

青虫全长
10.5cm

◆ 材料和线

线 绿色 / DMC 5 号珍珠棉（704） 6m
黄绿色 / DMC 5 号珍珠棉（734） 8m
灰色 / DMC 5 号珍珠棉（413） 12m

针 蕾丝钩针 0 号，缝针

其他 安全插扣 10mm 1 个
调节扣 10mm 1 个
填充棉 少量

◆ 制作方法

1. 用灰色的线钩项圈（P46）。钩织完成处留约 15cm 长的线头，用来缝合插扣。
2. 用灰色的线钩线环。钩织完成处留约 15cm 长的线头，用卷缝针法，缝合第 1 行和第 7 行。
3. 钩织青虫，用绿色的线开始钩，一边换色一边钩 47 圈，钩织完成处留约 15cm 长的线头后剪断线，塞入填充棉并调整形状，挑起最后一圈的外侧半针后收紧开口。
4. 在合适的位置弯折青虫，缝合并调整形状。
5. 在青虫的背面缝上线环。
6. 将线环穿在项圈上，一侧缝上安全插扣（P49）。另一侧先穿上调节扣，再缝安全插扣。

项圈（和蝴蝶项圈通用）

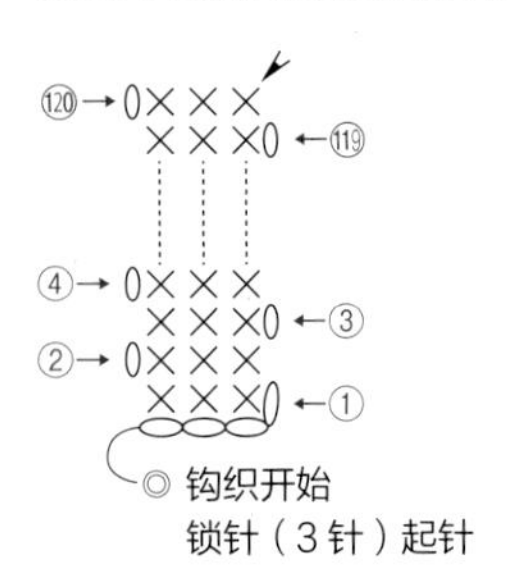

线环（和蝴蝶项圈共用）

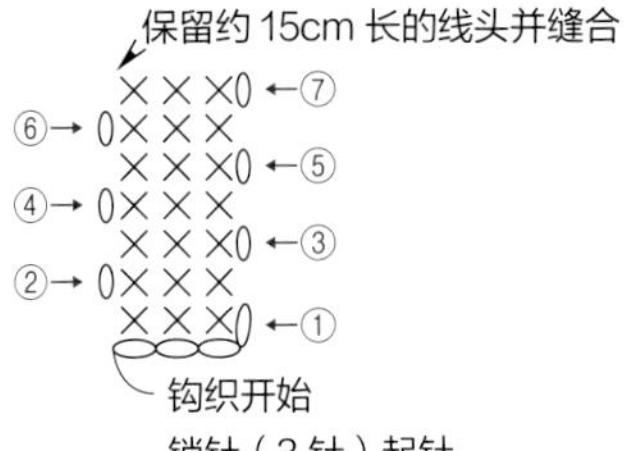

青虫

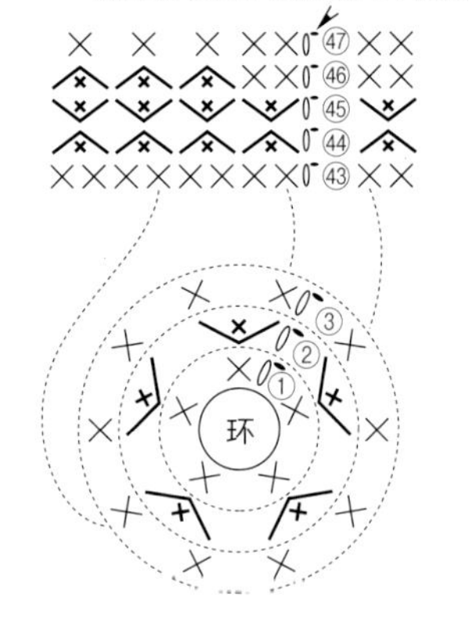

- 锁针
- 引拔针
- 短针
- 短针 1 针分 2 针
- 短针 2 针并 1 针
- 剪断线

针数表

圈数	针数	颜色
46 ~ 47	7 针	黄绿色
45	10 针	黄绿色
44	5 针	绿色
41 ~ 43	10 针	绿色
37 ~ 40	10 针	黄绿色
33 ~ 36	10 针	绿色
29 ~ 32	10 针	黄绿色
25 ~ 28	10 针	绿色
21 ~ 24	10 针	黄绿色
17 ~ 20	10 针	绿色
13 ~ 16	10 针	黄绿色
9 ~ 12	10 针	绿色
5 ~ 8	10 针	黄绿色
2 ~ 4	10 针	绿色
1	5 针	绿色

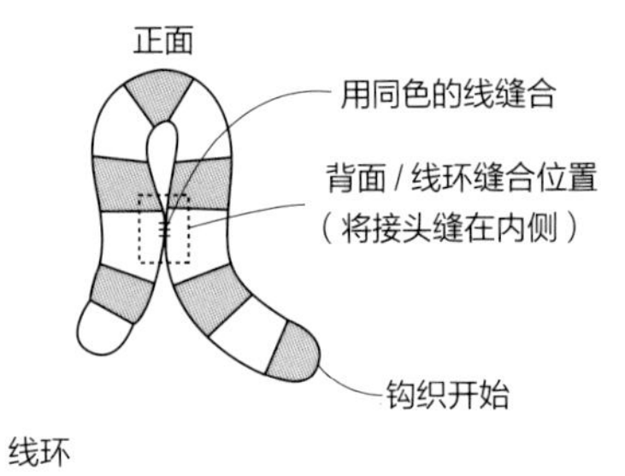

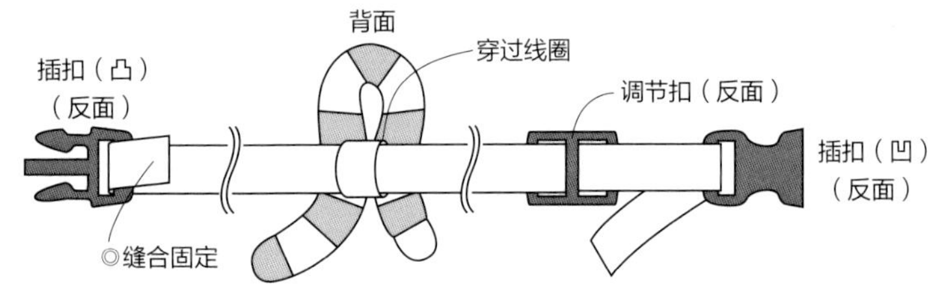

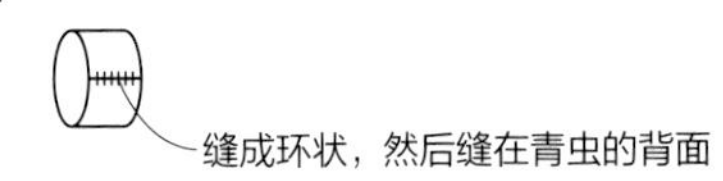

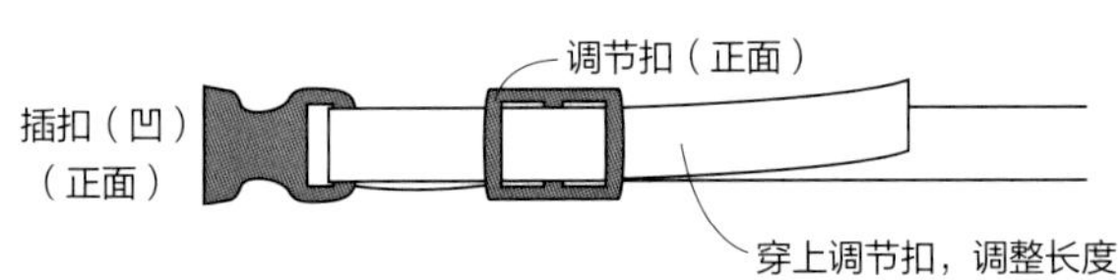

P13 | 蝴蝶项圈

蝴蝶
5.2cm×6.4cm

◆ **材料和线**

线 黄色 / DMC 5号珍珠棉（307）10m
黑色 / DMC 5号珍珠棉（310）8m
灰色 / DMC 5号珍珠棉（413）12m

针 蕾丝钩针0号，缝针

其他 安全插扣10mm 1个
调节扣10mm 1个
填充棉 少量

◆ **制作方法**

1. 用灰色的线，按和P64的青虫项圈同样的方法钩项圈。钩织完成处留约15cm长的线头，用来缝合插扣。
2. 用灰色的线，按和P64同样的方法钩线环。钩织完成处留约15cm长的线头，用卷缝针法，缝合第1行和第7行。
3. 钩翅膀部件，用黄色的线开始钩织，开头保留约15cm长的线头，一边换色一边钩4个部件。
4. 钩身体部件，用黑色的线钩织，钩织结束处保留约15cm长的线头后剪断线，塞入填充棉并调整形状，挑起最后一圈的外侧半针后收紧开口。
5. 缝合翅膀部件和身体部件。
6. 在身体部件的背面缝上线环。
7. 将线环穿在项圈上，一侧缝上安全插扣（P49）。另一侧先穿上调节扣，再缝安全插扣。

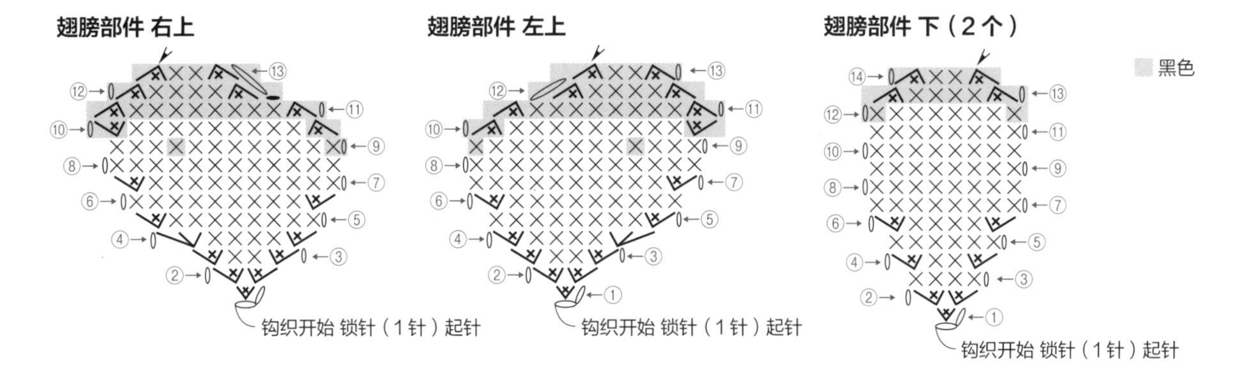

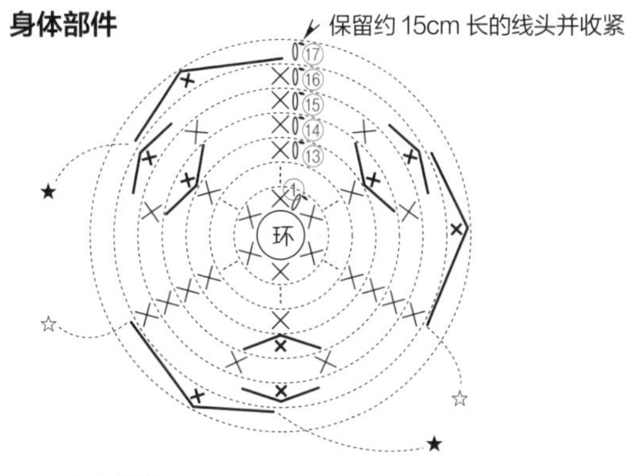

⬭ 锁针
⬬ 引拔针
× 短针
短针1针分2针
短针1针分3针
短针2针并1针
剪断线

圈数	针数
17	3针（中途钩织触角）
16	6针
14～15	9针
1～13	6针

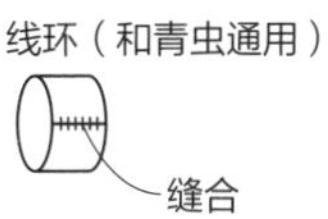

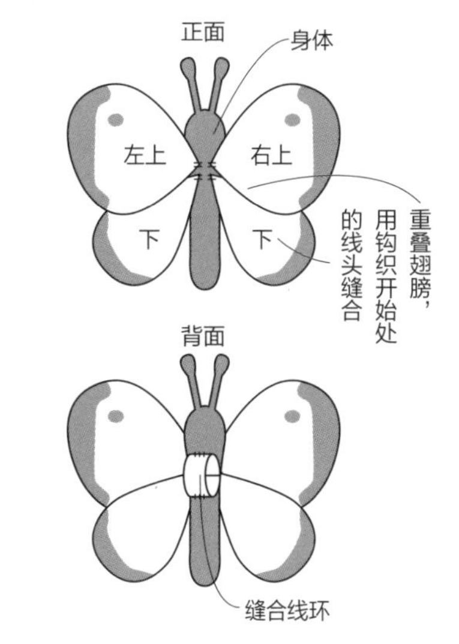

P14 | 铃铛项圈

铃铛
直径3cm

◆ 材料和线

线 项圈：蓝色 / 和麻纳卡 水洗棉线 < 钩织 >（124） 3g
挂坠：黄色 / 和麻纳卡 水洗棉线 < 钩织 >（104） 3g

针 钩针 6/0 号（项圈）、2/0 号（挂坠），缝针

其他 安全插扣 10mm 1 个
和麻纳卡塑料铃铛（26mm）
H430-059 1 个
25 号刺绣线（黑色）少量
C 型圈 5mm、10mm 各 1 个
老虎钳

◆ 制作方法

1. 取 2 股线，钩项圈需要的 30cm 长的虾辫（P48）。钩织开始和钩织完成处各留约 15cm 长的线头，用来缝合安全插扣。
2. 环形起针，钩 6 针锁针（环形起针 P54）。
3. 一边加针一边钩织，钩至第 13 圈后放进塑料铃铛，然后一边减针，一边钩至第 16 圈。
4. 依次挑起第 16 圈的外侧半针后收紧。
5. 挑起第 9 圈短针的条纹针余下的半针，钩一圈短针，然后用刺绣线（6 股）进行刺绣（P57）。
6. 安装 C 型圈（P56）。
7. 将挂坠穿在项圈上，在两端◎记号处穿上安全插扣并缝合（P49）。

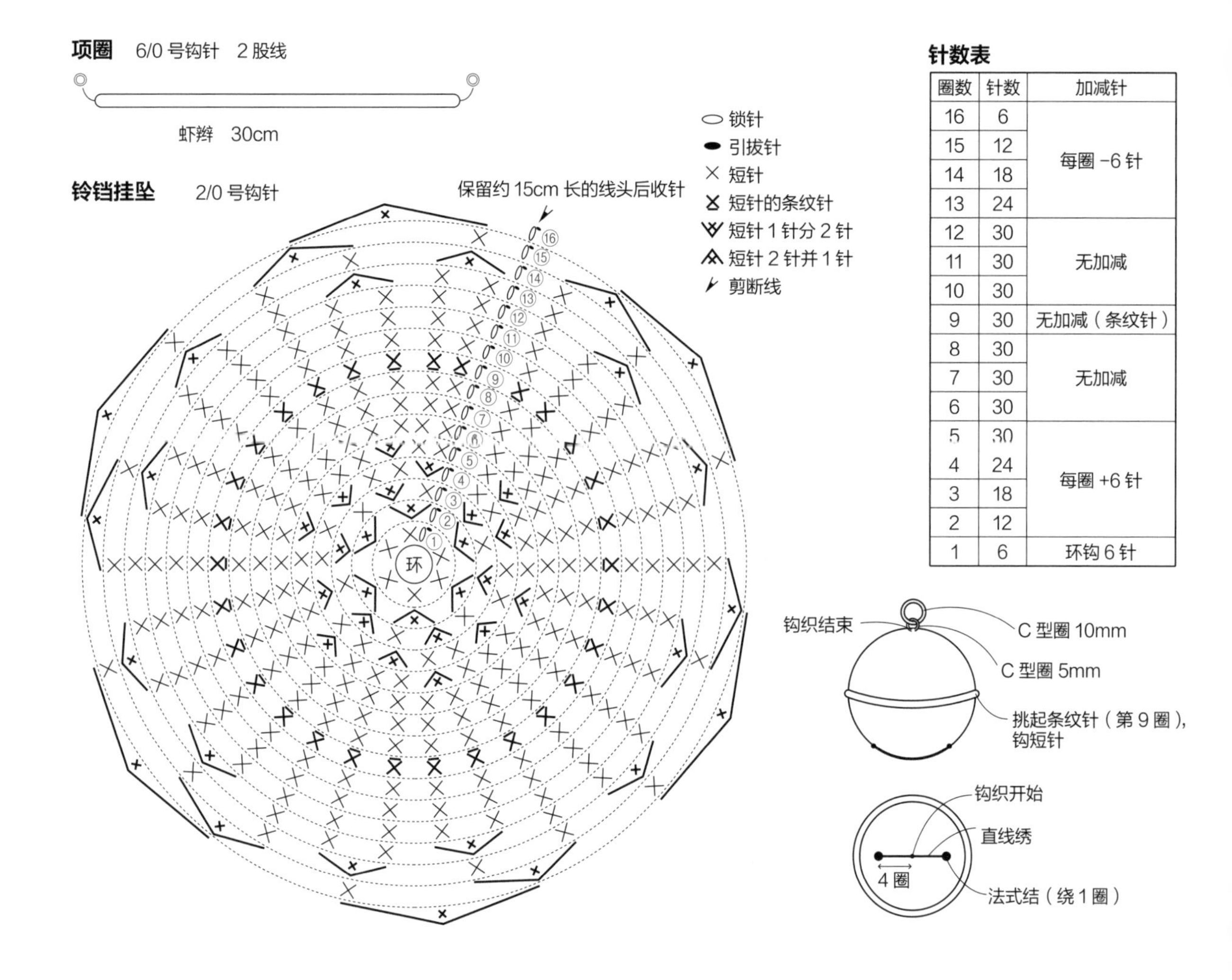

针数表

圈数	针数	加减针
16	6	每圈 -6 针
15	12	
14	18	
13	24	
12	30	无加减
11	30	
10	30	
9	30	无加减（条纹针）
8	30	无加减
7	30	
6	30	
5	30	每圈 +6 针
4	24	
3	18	
2	12	
1	6	环钩 6 针

P17 | 朋克风项圈

宽2.2cm

◆ **材料和线**

线 项圈：黑色 / Marchen Art Marila 麻线（510）5g
钡钉、锁链：Marchen Art Manila 麻线 灰色（525） 5g、红色（509） 少量

针 钩针 6/0 号（项圈），缝针

其他 安全插扣 10mm 1 个

◆ **制作方法**

1. 钩织项圈。钩 50 针锁针作为起针。第 1 圈：挑起起针的半针钩短针，钩至末端，然后挑起另一侧余下的半针继续钩短针。接着钩第 2 圈（锁针起针 P45）。
2. 钩 7 个铆钉，缝在项圈上。
3. 钩 10 个锁链环并连成锁链，缝在项圈上。
4. 在铆钉之间进行刺绣。
5. 在项圈两端◎记号处穿上安全插扣并缝合（P49）。

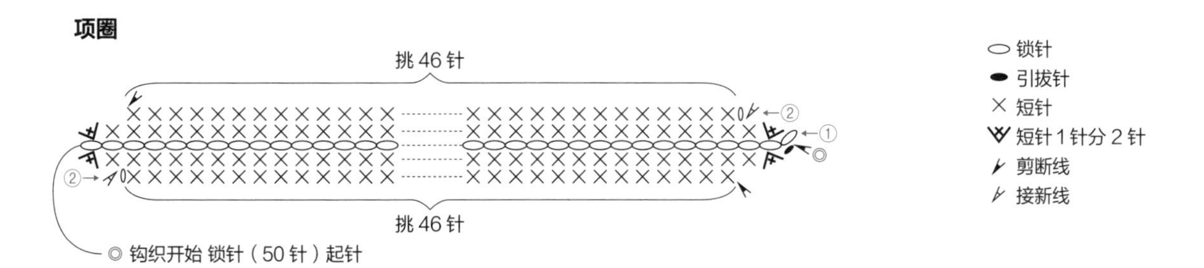

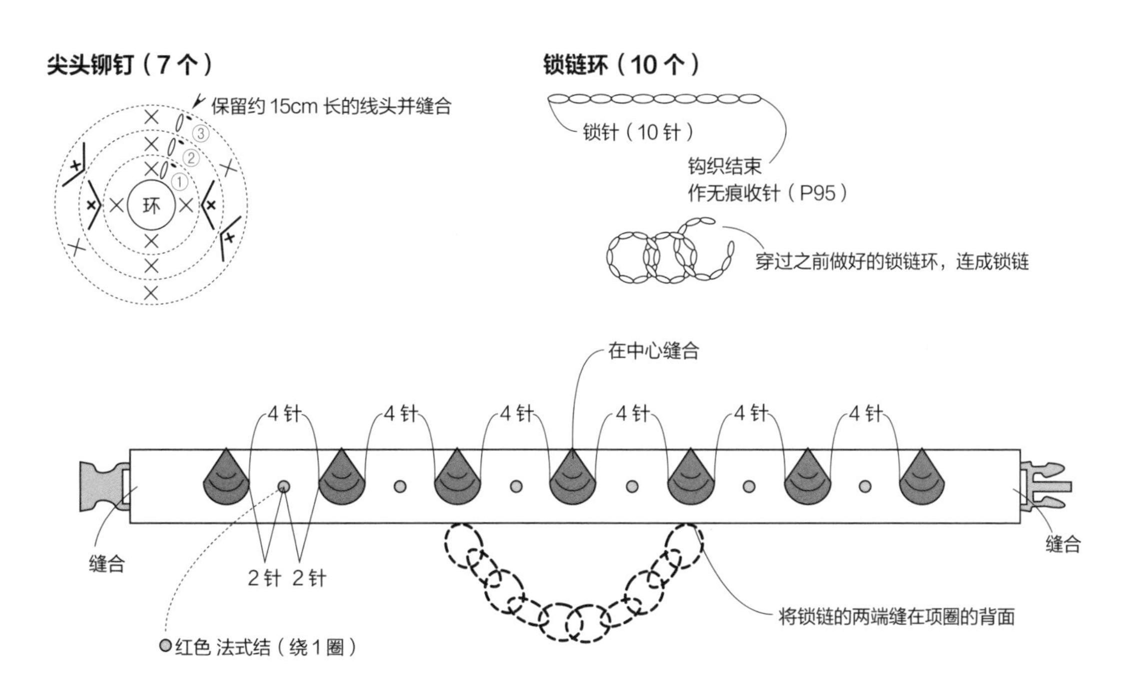

P18 | 蛇环项圈

蛇头部长度3.5cm
身体宽度1.4cm

◆ 材料和线

线 绿色 / 和麻纳卡 Flax C <银丝> 棉麻线（107） 6g
红色 / 和麻纳卡 Flax C <银丝> 棉麻线（103） 50cm
金属光泽绿色 / 和麻纳卡 Cleo Crochet 混纺线（3） 2g

针 钩针 3/0 号，缝针

其他 安全插扣 10mm 1个
25 号刺绣线（黑色）少量

◆ 制作方法

1. 钩织蛇的头部。用绿色的线分别钩 4 圈下颚、6 圈上颚，从第 7 圈开始连起来钩（环形起针 P54）。钩至第 11 圈，取约 1g 的绿色线，塞入织片里，做出蛇头的形状。
2. 从第 12 圈开始钩织腹部的配色（金属光泽绿色），钩织身体的前半段。在第 25 圈减针。挑起最后一圈的外半针后收紧开口。
3. 钩织身体的后半段。使用绿色线，环形起针进行钩织，从第 5 圈开始钩织腹部的配色（金属光泽绿色）。
4. 用下颚的线头将上下颚连起来。用红色线钩织舌头，缝在口中。用刺绣线绣出眼睛。
5. 用钩织结束处的线头，将后半段身体缝在蛇头的接缝处。
6. 项圈两端◎记号处穿上插扣并缝合（P49）。

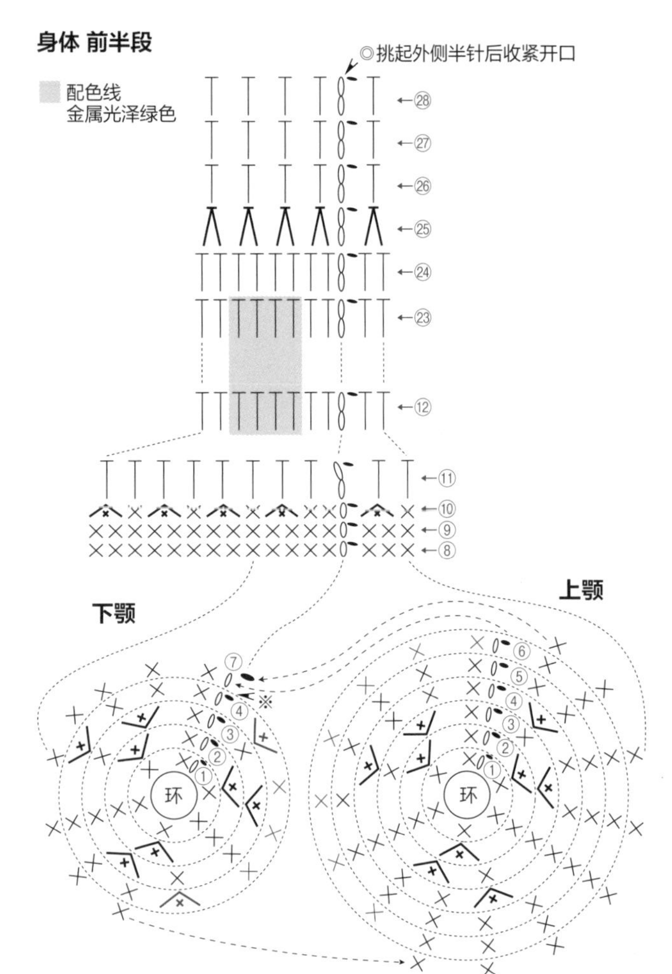

针数表

上颚至身体前半段

圈数	针数	加减针
28	6	无加减
27	6	
26	6	
25	6	−5 针
24	11	无加减
11	11	无加减
10	11	−5 针
9	16	无加减
8	16	
7	16	将上下颚连起来
6	15	无加减
5	15	
4	15	+3 针
3	12	+3 针
2	9	+3 针
1	6	环钩 6 针

下颚

4	15	+3 针
3	12	+3 针
2	9	+3 针
1	6	环钩 6 针

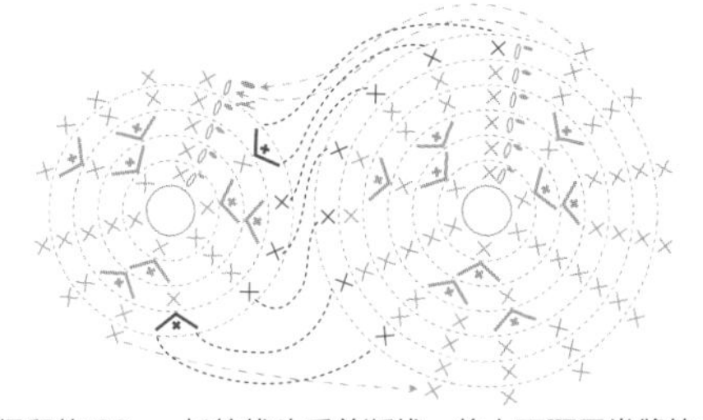

※保留约 20cm 长的线头后剪断线，将上下颚用卷缝的方法连起来

身体 后半段

配色线 金属光泽绿色

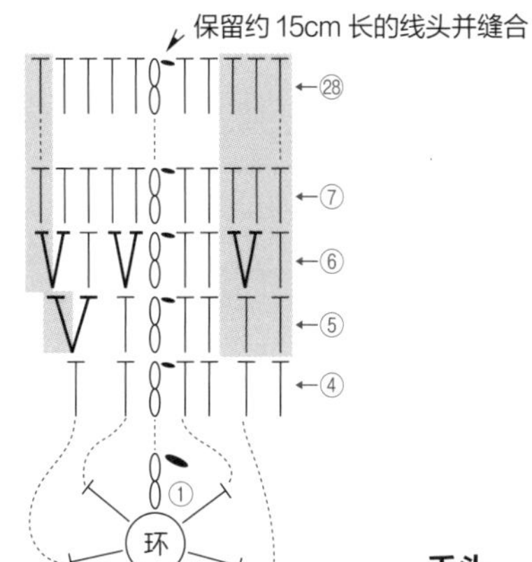

针数表

身体 后半段

圈数	针数	加减针
28	11	无加减
⋮		
6	11	+3 针
5	8	+1 针
4	7	无加减
3	7	
2	7	
1	7	环钩 7 针

⬭ 锁针
● 引拔针
× 短针
短针 1 针分 2 针
短针 2 针并 1 针
T 中长针
V 中长针 1 针分 2 针
Λ 中长针 2 针并 1 针
剪断线

舌头

保留约 15cm 长的线头并缝合

两只眼睛间隔 5 个针脚的宽度

第 5 圈与第 6 圈间隔 1 个针脚的宽度
6 股刺绣线 直线绣（4 针）

缝在嘴里

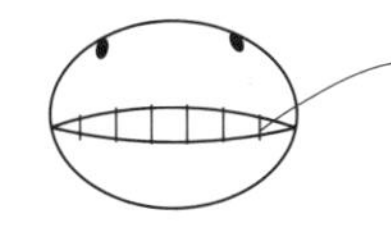

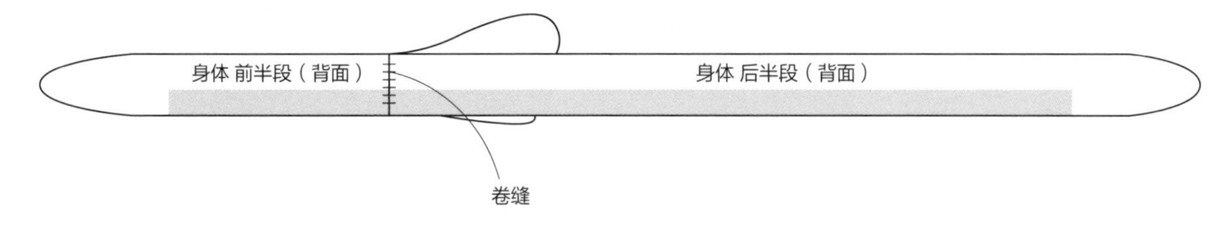

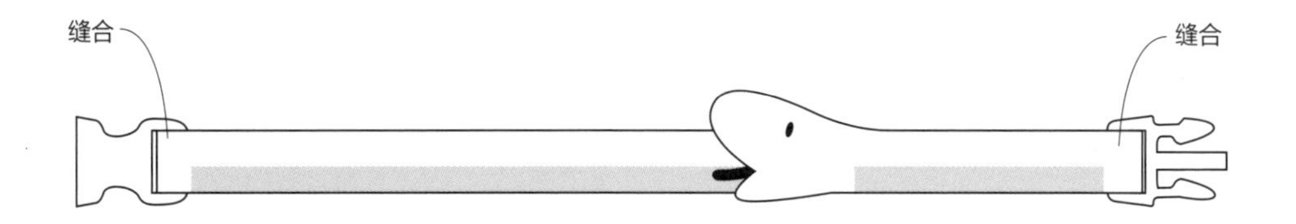

P19 | 豹纹项圈

宽度1.7cm

◆ **材料和线**

线 芥末黄色 / 奥林巴斯 Emmy Grande <Herbs> 蕾丝线（582） 3g
黑色 / 奥林巴斯 Emmy Grande 蕾丝线（901） 1g
土黄色 / 奥林巴斯 Emmy Grande 蕾丝线（514） 1g

针 钩针 2/0 号，缝针

其他 安全插扣 10mm 1 个

◆ **制作方法**

1. 使用芥末黄色的线钩锁针作为起针，按图解进行三色的配色钩织，一边换色编织一边把渡线包进针脚里（锁针起针 P45，换线方法 P92）。
2. 在配色织片的两端分别钩连接插扣的部分。
3. 项圈两端◎记号处穿上插扣并缝合（P49）。

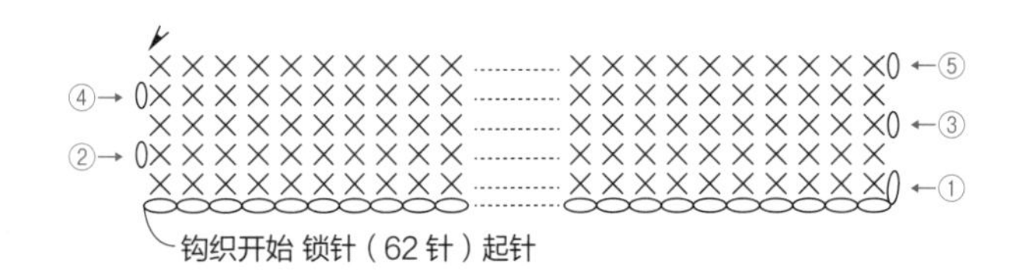

○ 锁针
× 短针
短针 2 针并 1 针
接新线
剪断线

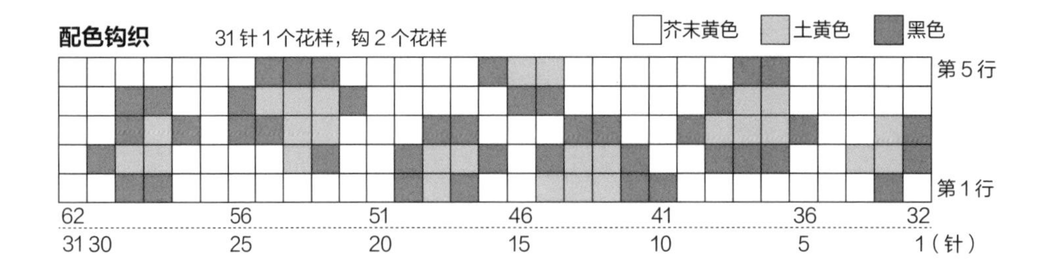

连接插扣部分 使用芥末黄色的线，在织片两端分别钩 10 行

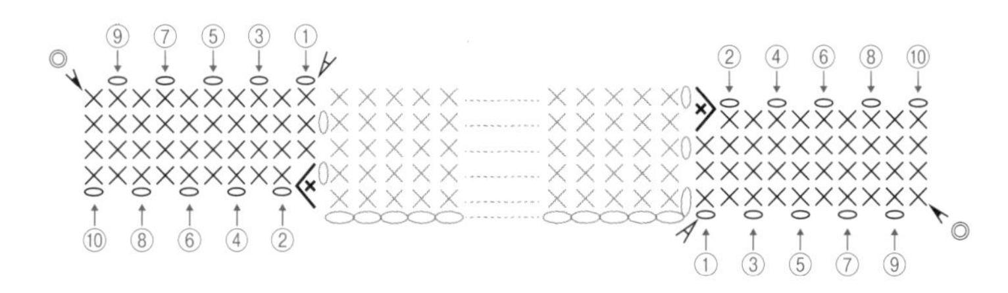

P20 | 萨普风项圈

宽度1.2cm

◆ 材料和线

线 黑色系 5 色 / Marchen Art 亚洲编绳（极细）
黑色（736）、粉红色（726）、淡蓝色（740）、绿色（731）、红色（725）
卡其色系 5 色 /Marchen Art 亚洲编绳（极细）
卡其色（733）、蓝色（730）、浅粉色（737）、朱红色（724）、浅褐色（744）

针 钩针 3/0 号 缝针

其他 安全插扣 10mm 1 个

◆ 制作方法

1. 钩 3 针锁针作为起针，再钩 1 针立起的锁针，挑起锁针的里山，钩 3 针引拔针（锁针起针 P45）。
2. 从第 2 行开始，按配色表，钩引拔针的棱针（挑外侧的半针）。需要换色时，用新线钩上一行的最后 1 针的引拔。保留约 2cm 长的线头后剪断线，在织片中藏线。
3. 项圈两端◎记号处穿上插扣并缝合（P49）。

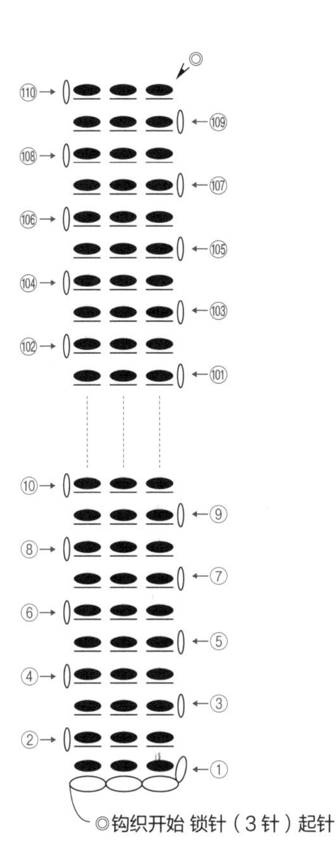

⬭ 锁针
⬬ 引拔针
⬬ 引拔针的棱针
剪断线

配色表

行数	黑色系	卡其色系
97 ~ 110 行	黑色	卡其色
91 ~ 96 行	淡蓝色	浅粉色
89 ~ 90 行	绿色	朱红色
81 ~ 88 行	粉红色	蓝色
77 ~ 80 行	黑色	卡其色
71 ~ 76 行	绿色	朱红色
65 ~ 70 行	红色	浅褐色
57 ~ 64 行	淡蓝色	浅粉色
49 ~ 56 行	黑色	卡其色
45 ~ 48 行	红色	浅褐色
39 ~ 44 行	粉红色	蓝色
29 ~ 38 行	绿色	朱红色
23 ~ 28 行	淡蓝色	浅粉色
19 ~ 22 行	粉红色	蓝色
1 ~ 18 行	黑色	卡其色

P21 | 腕带风三色项圈

宽度1.2cm

◆ **材料和线**

线 绿松石色系 / 横田 刺子绣线 <合太>

底座：孔雀蓝色（205）
配色：红色（213）、红梅色（211）

灰色系 / 横田 刺子绣线 <合太>

底座：白鼠色（译者注：日本传统色，偏蓝调的灰白色）（217）
配色：生成色（202）、柠檬黄色（203）

针 钩针 3/0 号 缝针

其他 安全插扣 10mm 1个

◆ **制作方法**

1. 先钩底座。钩 101 针锁针，然后从锁针的终点折回 7 针，挑起第 8 针锁针的半针，钩 1 针引拔针（锁针起针 P45）。
2. 钩 3 针锁针，跳过底座上的 3 针锁针，挑起第 4 针锁针的半针，钩 1 针引拔针。重复此步骤，钩出∞的形状（24 个环）。
3. 钩第 1 行。先钩 1 针立起的锁针，再成束挑起∞部分的锁针链，钩 5 针短针。
4. 钩至末端后翻折 180°，继续钩另一侧，在锁针链上钩 5 针短针，在引拔针上钩 1 针短针。重复此步骤，钩至顶端。
5. 跳过上一圈的立起的锁针不钩，在上一圈第 1 针短针的针脚上钩引拔针作为连接，保留约 15cm 长的线头，剪断线。
6. 钩织配色部分。先钩 140 针锁针，再往回钩引拔针，钩出一条纽带。按同样的方法再钩一种颜色的纽带。
7. 用两根纽带钩织结束处的线头打个结，将纽带系在一起，穿过底座部分的洞眼。将纽带余下的线头和底座的线头打结。
8. 将◎记号处的一个花样穿过插扣后折回，缝合固定（P49）。在没有线头的一端接上钩底座用的线，缝合插扣。

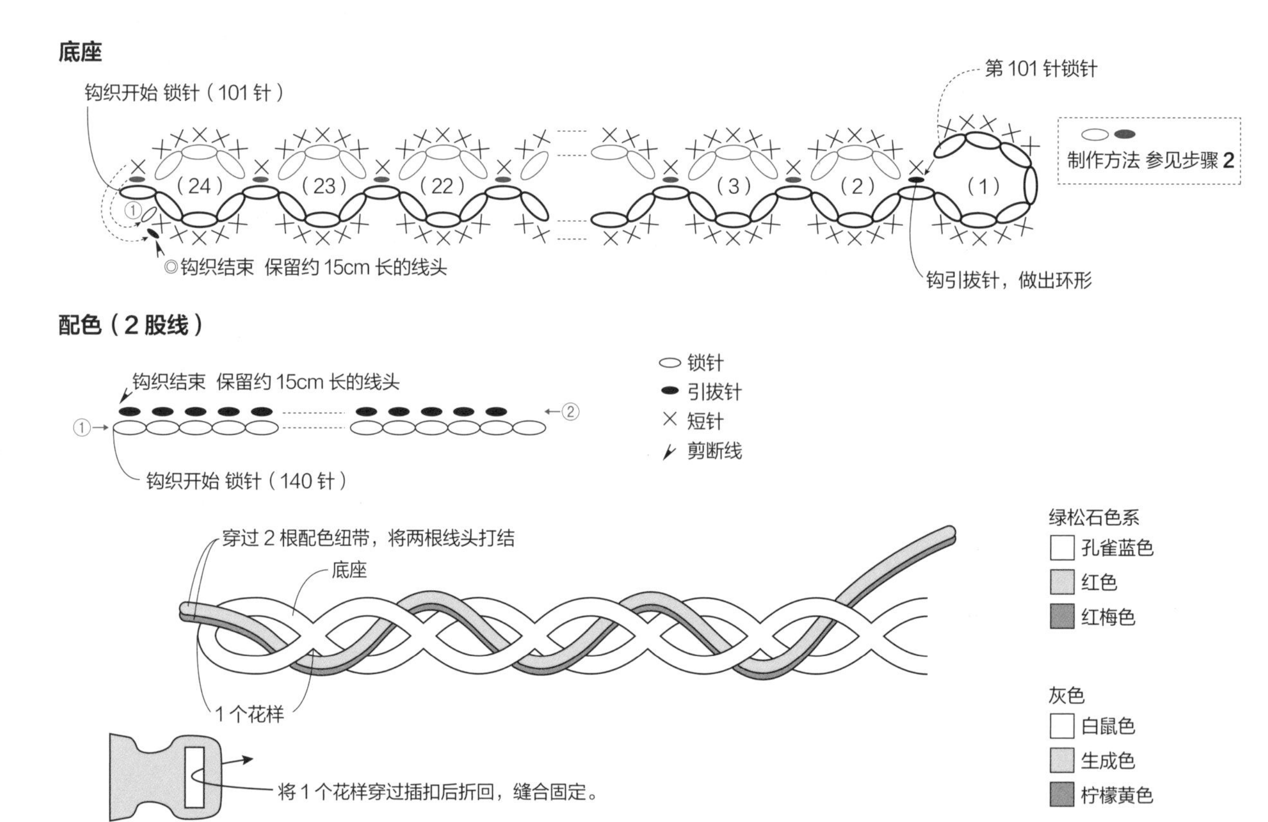

P22 | 小花环项圈

花样部分长度12cm

◆ **材料和线**

线 项圈、叶子：和麻纳卡 水洗棉线 绿色（40） 6g
花、白花三叶草：和麻纳卡 水洗棉线 肉粉色（35） 1g
和麻纳卡 水洗棉线 <段染> 粉红色（307） 2g、黄色（304） 3g

针 钩针 3/0 号 缝针

其他 安全插扣 10mm 1个

◆ **制作方法**

1. 用绿色线钩项圈和叶子（项圈钩织方法 P47）。
2. 钩织大花、小花和白花三叶草。每种钩 2 个。
3. 将叶子、大花、小花和白花三叶草缝在项圈上。
4. 项圈两端◎记号处穿上插扣并缝合（P49）。

项圈 绿色

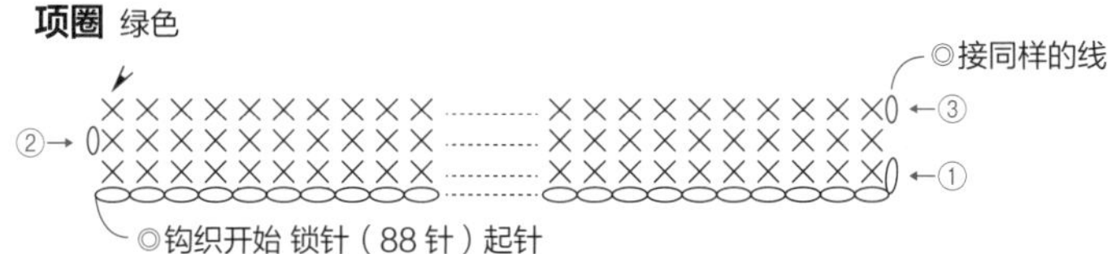

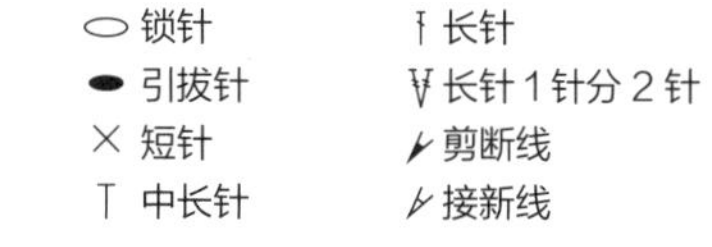

叶子（4 片） 绿色

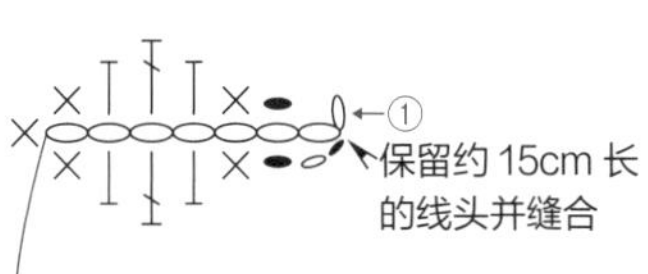

大花（2 片） 第 1 圈：黄色
第 2 圈：粉红色

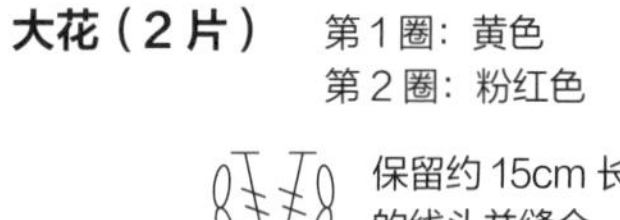

小花（2 片） 第 1 圈：黄色
第 2 圈：肉粉色

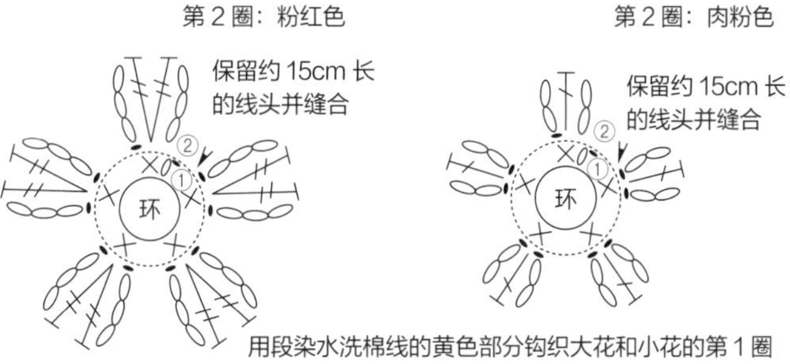

白花三叶草（2 片） 黄色

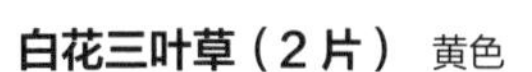
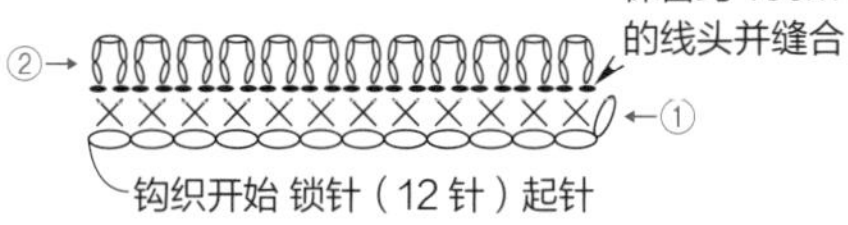

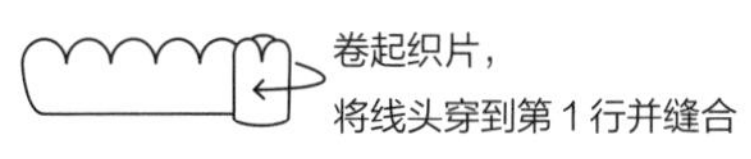

花样缝合位置

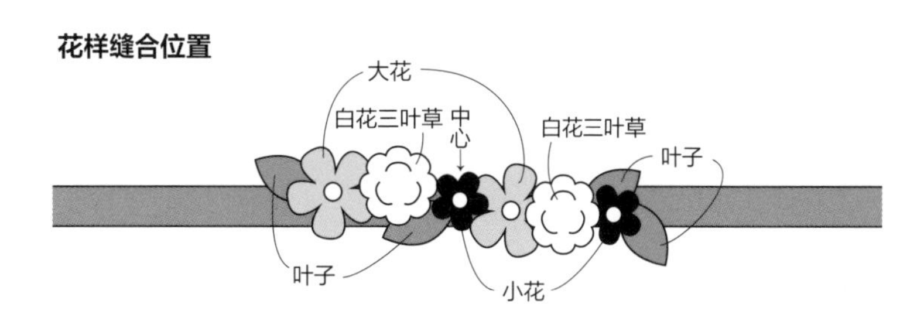

P23 | 高雅珍珠项圈

珍珠直径1.8cm

◆ 材料和线

线 紫色 / 和麻纳卡 Aprico 棉线 <银丝>（117） 3g
银色 / 和麻纳卡 Emperor 人造丝（1） 3g

针 钩针 2/0 号，缝针

其他 安全插扣 10mm 1 个
缎带（白色）宽度 9mm 12cm
马口夹（缎带扣）宽度 10mm 2 个
棉花珍珠 14mm 5 颗
填充棉 少量
老虎钳

◆ 制作方法

1. 环形起针，钩 6 针短针（环形起针 P54）。
2. 按针数表加减针进行钩织，一边塞入填充棉一边钩至第 8 圈，挑起最后一圈的外半针后收紧开口，做成钩针小球（每种颜色做 3 个）。
3. 将 Aprico 银丝线穿在缝针上，穿过钩针小球和棉花珍珠，将它们连接起来。两端各留约 15cm 长的线头，用来穿马口夹。
4. 将马口夹穿在步骤 **3** 的线上，然后缝在钩针小球上。
5. 将缎带穿过插扣，夹紧固定马口夹。

钩针小球（2 种颜色各 3 个）

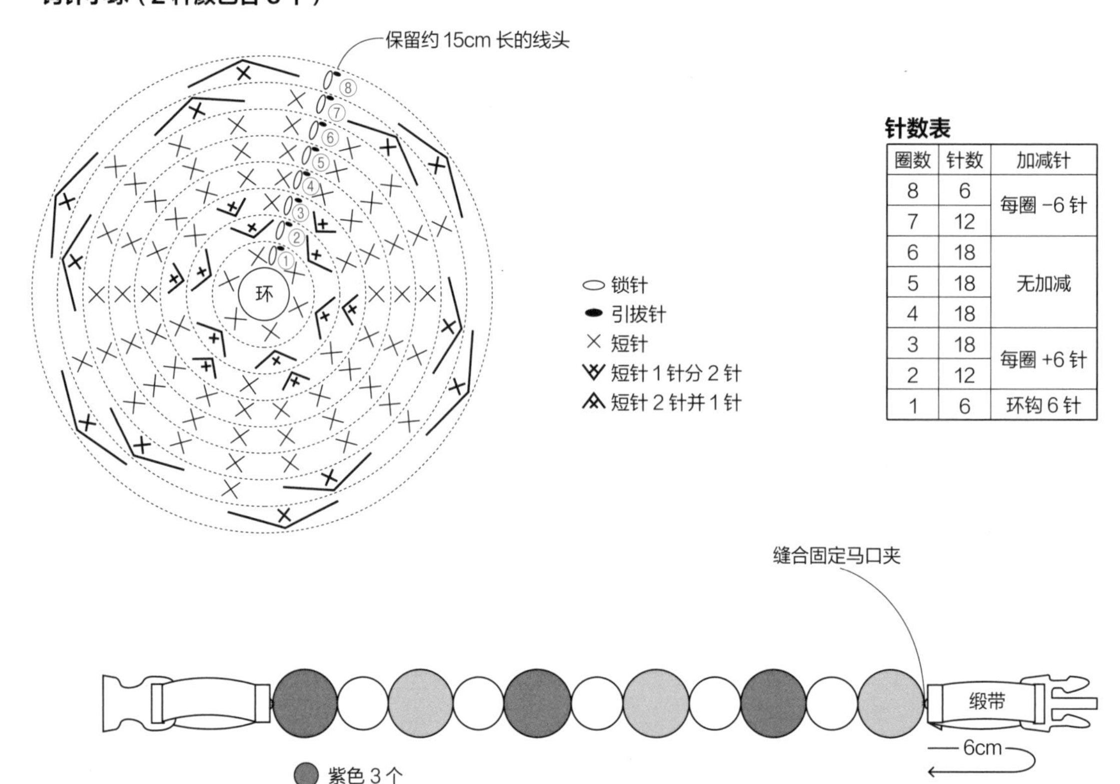

针数表

圈数	针数	加减针
8	6	每圈 -6 针
7	12	
6	18	无加减
5	18	
4	18	
3	18	每圈 +6 针
2	12	
1	6	环钩 6 针

P24 | 金项圈

宽度1.4cm

◆ 材料和线

线 黑色 / 和麻纳卡 Aprico 棉线（24）4g
金色 / 和麻纳卡 Emperor 人造丝（3）2g

针 钩针 2/0 号（黑色）、3/0 号（金色），缝针

其他 安全插扣 10mm 1 个

◆ 制作方法

1. 取 1 股黑色线钩起针，然后用 2/0 号钩针挑起锁针的半针和里山，钩第 1 行短针（锁针起针 P45）。
2. 取 2 股金色线，用 3/0 号钩针钩 1 行长针。
3. 第 3 行用 1 股黑色线和 2/0 号钩针，交替钩短针的棱针和外钩长长针，钩出项圈的花样。第 4 行钩引拔针。
4. 在步骤 **1** 的锁针上接新线，挑起锁针上余下的半针，钩引拔针。
5. 用蒸汽熨斗将织片定型，项圈两端◎记号处穿上插扣并缝合（P49）。

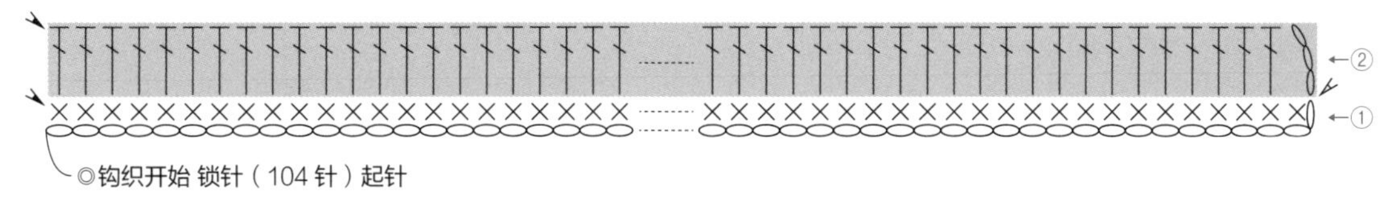

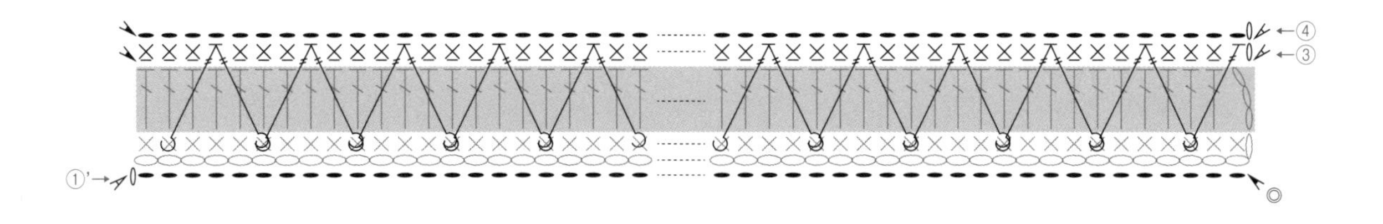

- ⬭ 锁针
- ⬬ 引拔针
- × 短针
- ⨯ 短针的棱针
- ⫪ 长针
- 外钩长长针 2 针并 1 针
- 剪断线
- 接新线

P25 | 蝴蝶领结项圈

领结部分
3cm×5cm

◆ 材料和线

线 和麻纳卡 水洗棉线 <钩织>（145） 4g
和麻纳卡 Emperor 人造丝（3） 1g

针 钩针 3/0 号 缝针

其他 安全插扣 10mm 1 个

◆ 制作方法

1. 钩织项圈、领结主体和线环（项圈钩织方法 P47）。
2. 在领结主体的中心部分卷上线环，整理形状并缝合。
3. 将领结缝在项圈的中心。
4. 项圈两端◎记号处穿上插扣并缝合（P49）。

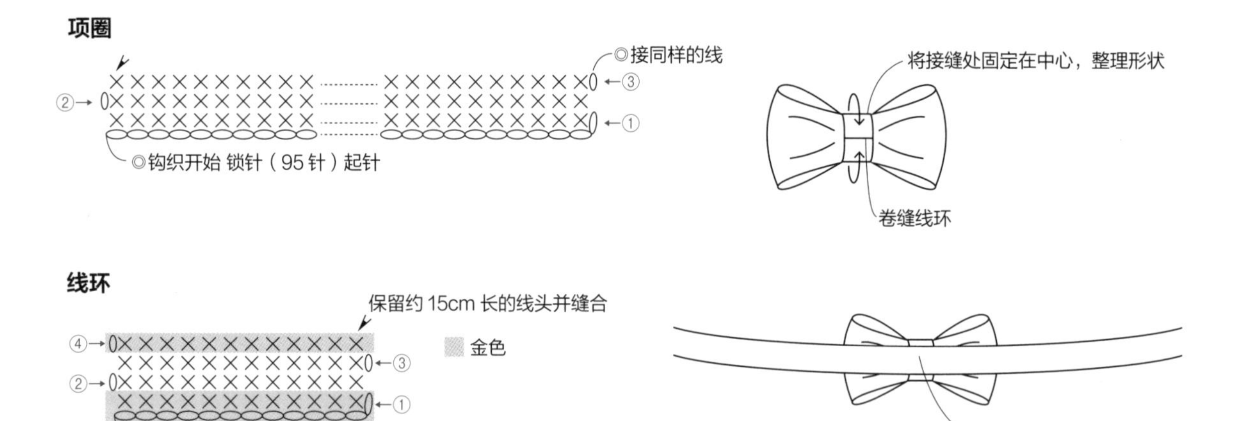

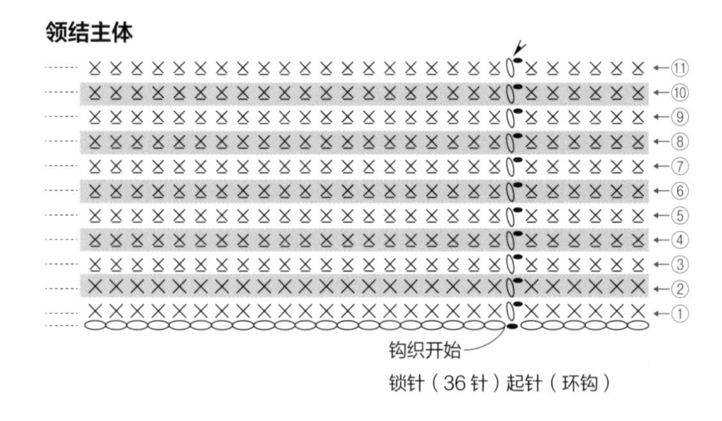

⬭ 锁针
● 引拔针
× 短针
⨯ 短针的条纹针
剪断线

P26 | 泡泡项圈

直径1.2cm

◆ 材料和线

线 冷色系 2 色 /Marchen Art 浪漫编绳 < 极细 >
A 线：深蓝色（855）、B 线：苔绿色（868）
暖色系 2 色 /Marchen Art 浪漫编绳 < 极细 >
A 线：红色（862）、B 线：橙色（865）

针 钩针 5/0 号 缝针

其他 黑色圆橡皮筋 35cm 2 根

◆ 制作方法

1. 将橡皮筋两头打一个结，做成周长 25cm 的圆环。剪掉多余的皮筋。
2. 用 A 线在皮筋上钩 1 圈短针，在这一圈的钩织结束处，换用 B 线在第 1 针上钩引拔，完成换线。暂时不要剪断 A 线。
3. 钩第 2 圈，用 B 线交替钩短针和枣形针，在这一圈的钩织结束处换用之前保留的 A 线钩引拔。
4. 钩第 3 圈，用 A 线钩一圈引拔针。

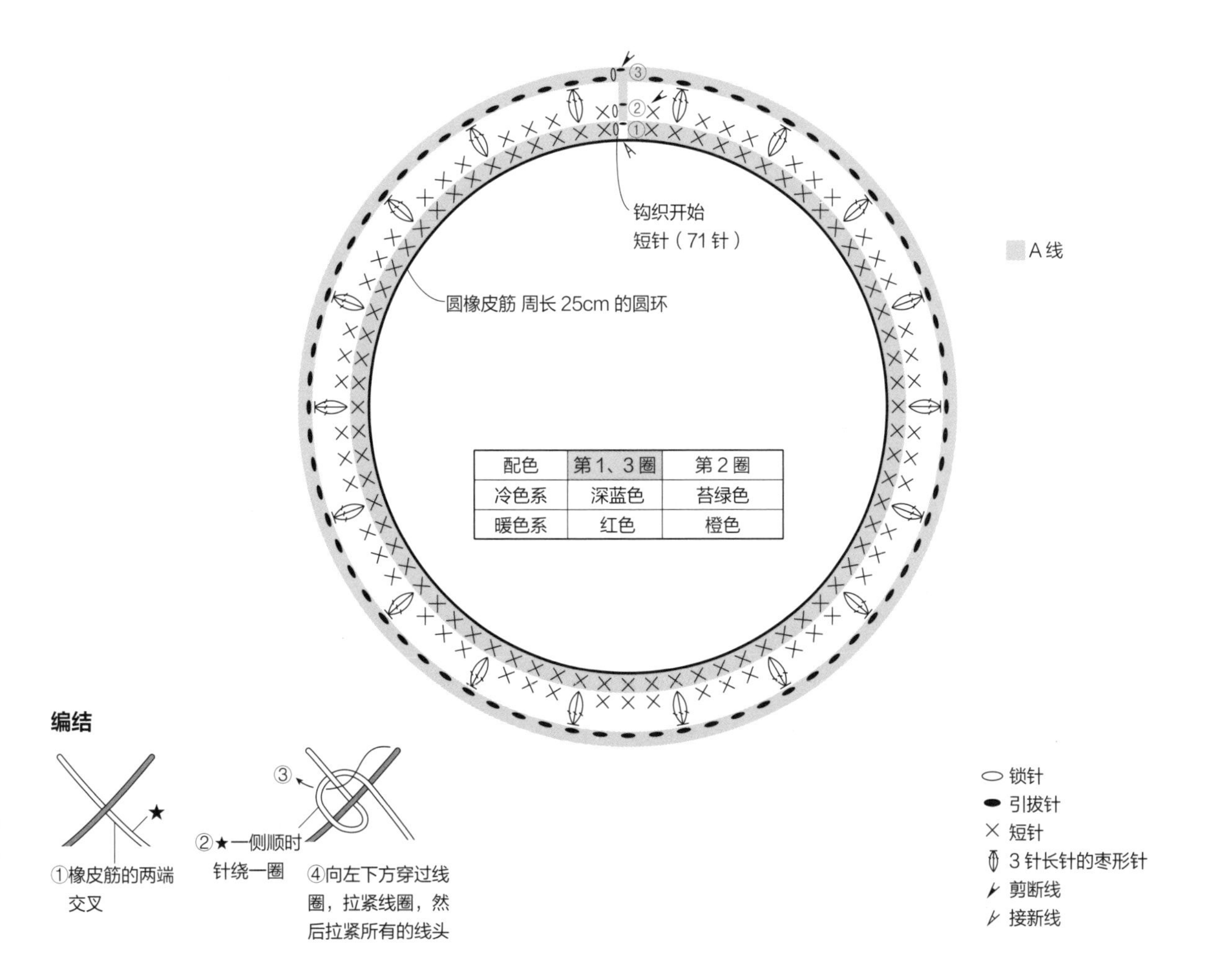

配色	第 1、3 圈	第 2 圈
冷色系	深蓝色	苔绿色
暖色系	红色	橙色

P27 | 甜甜圈项圈

小球直径2cm

◆ 材料和线

线 奥林巴斯 Emmy Grande <House>
蕾丝线（H21） 13g

针 钩针 4/0 号 缝针

其他 安全插扣 10mm 1 个
填充棉 适量

◆ 制作方法

1. 环形起针，钩 6 针短针（环形起针 P54）。
2. 钩编织图中第 2 圈的紫色记号部分时，挑起外侧半针钩短针的条纹针。
3. 按编织图，一边加减针一边进行钩织。
4. 每钩出 1 颗小球后，向内塞入填充棉。
5. 钩完 77 圈后，继续往返钩织，钩出用来穿插扣的部分。
6. 挑起第 2 圈钩条纹针时余下的半针，短针钩出另一边用来穿插扣的部分。
7. 项圈两端◎记号处穿上插扣并缝合（P49）。

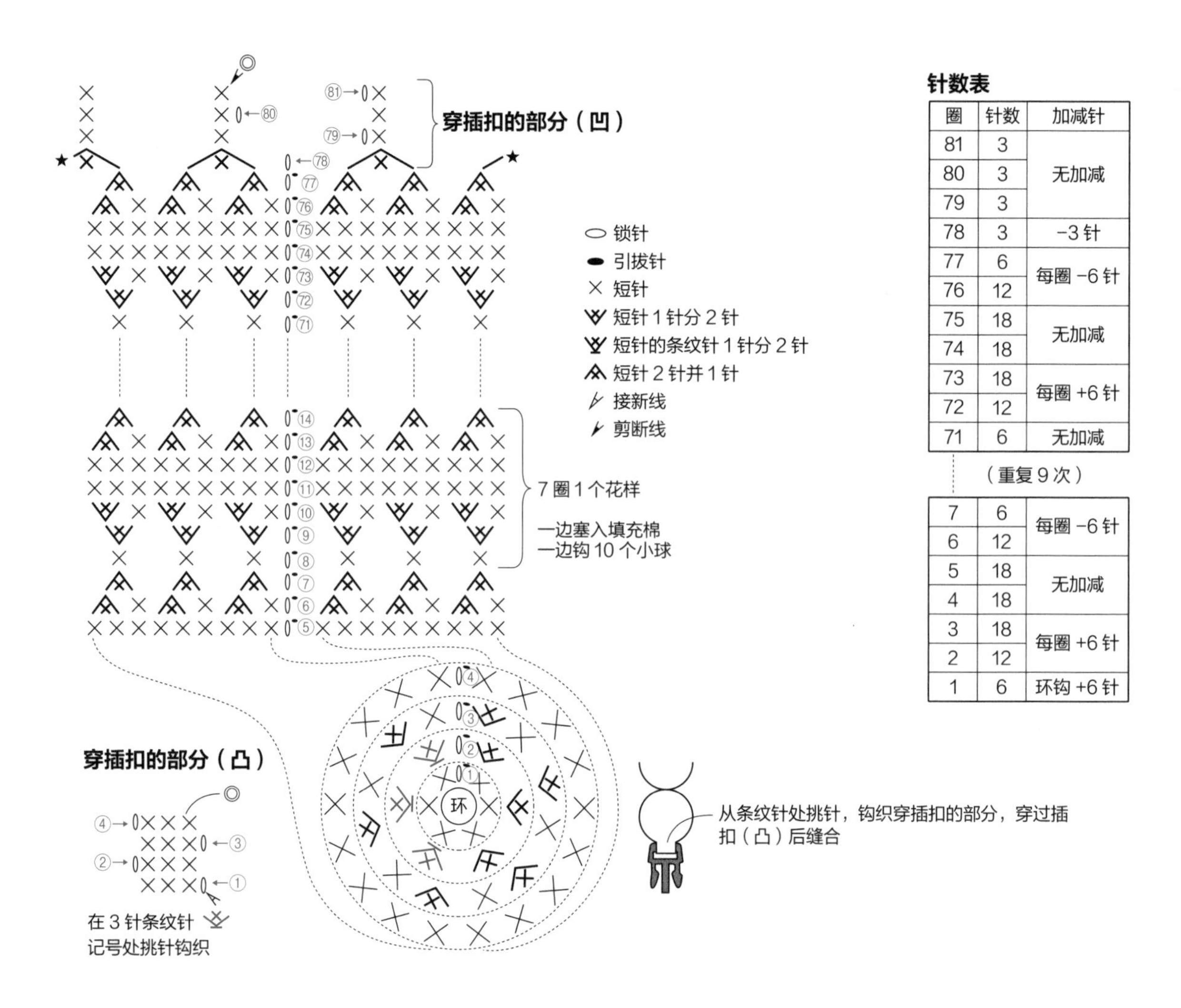

针数表

圈	针数	加减针
81	3	无加减
80	3	
79	3	
78	3	-3 针
77	6	每圈 -6 针
76	12	
75	18	无加减
74	18	
73	18	每圈 +6 针
72	12	
71	6	无加减

（重复 9 次）

圈	针数	加减针
7	6	每圈 -6 针
6	12	
5	18	无加减
4	18	
3	18	每圈 +6 针
2	12	
1	6	环钩 +6 针

P29 | 军装领带项圈

领带部分
9cm×4.8cm

◆ **材料和线**

线 深蓝色 / 横田 鸭川 18 号 蕾丝线(104)5g
暗红色 / 横田 鸭川 18 号 蕾丝线(105)2g
柿茶色 / 横田 鸭川 18 号 蕾丝线(106)2g

针 钩针 3/0 号，缝针

其他 安全插扣 10mm 1 个

◆ **制作方法**

1. 钩织项圈。钩第 1 圈，挑起锁针（起针）的半针钩短针，钩至锁针链的末端，挑起另一侧余下的半针钩短针，钩完一圈（锁针起针 P45）。钩第 2 圈时在两端加针。
2. 钩织领带上半部分和下半部分。钩织换线时不要剪断线，保留渡线，进行步骤 **3** 时在内侧藏线。
3. 折叠制作领带，缝在项圈的中心。
4. 项圈两端◎记号处穿上插扣并缝合（P49）。

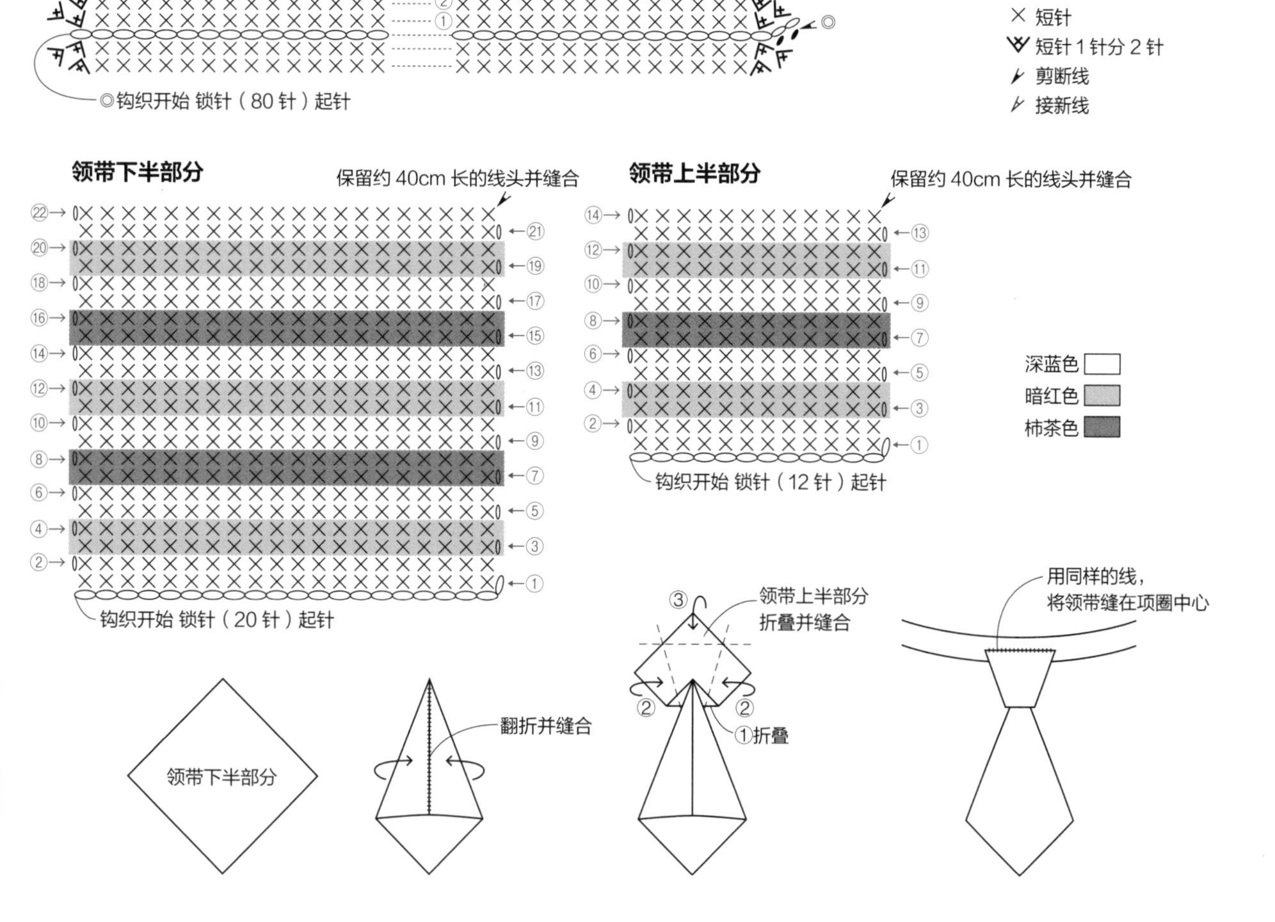

P30 | 燕尾服项圈

宽度 4.5cm

◆ 材料和线

线 黑色 / 奥林巴斯 Emmy Grande <House> 蕾丝线（H20） 11g
白色 / 奥林巴斯 Emmy Grande <House> 蕾丝线（H1） 5g

针 钩针 3/0 号，缝针

其他 安全插扣 10mm 1 个

◆ 制作方法

1. 钩底座部分，用黑色线起针，钩完第 2 行后不要剪断线（锁针起针 P45）。
2. 接上白色线钩第 3 行，挑起外侧半针钩棱针。继续钩织，钩完第 5 行后断线。
3. 继续用之前休针的黑色线钩领子部分。从第 3 行开始，换用黑色线，挑起之前白色线棱针余下的内侧半针，进行钩织。钩完第 5 行后断线。
4. 黑色织片的正面向上，用黑色线钩边缘。★记号处的黑色和白色的织片一起钩边缘。除此以外，只在黑色的织片部分钩边缘。
5. 将黑色的织片自然地折叠出领子的形状，缝合固定。
6. 钩领结，缝在白色织片的中心。
7. 钩用来穿插扣的部分，项圈两端◎记号处穿上插扣并缝合（P49）。

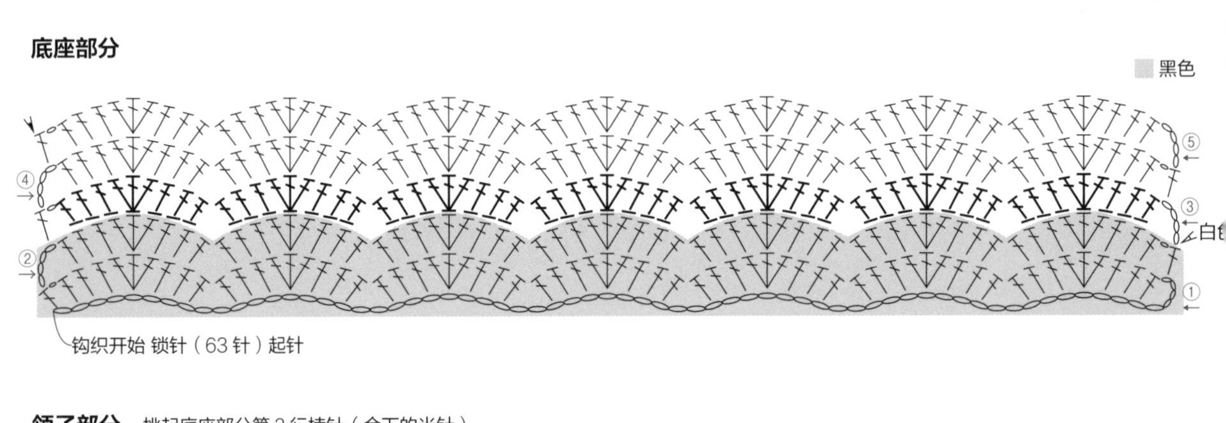

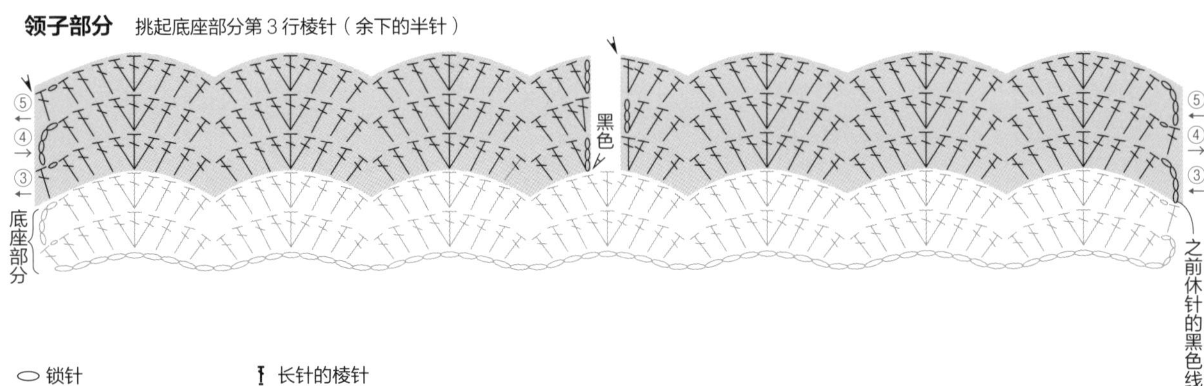

- 锁针
- 引拔针
- 短针
- 短针 1 针分 3 针
- 中长针
- 长针
- 长长针
- 长针的棱针
- 长针 1 针分 2 针
- 长针 1 针分 3 针
- 长针的棱针 1 针分 3 针
- 剪断线
- 接新线

边缘钩织 除★记号以外只在黑色织片上钩边缘

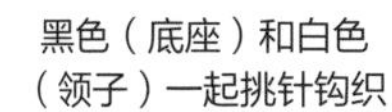

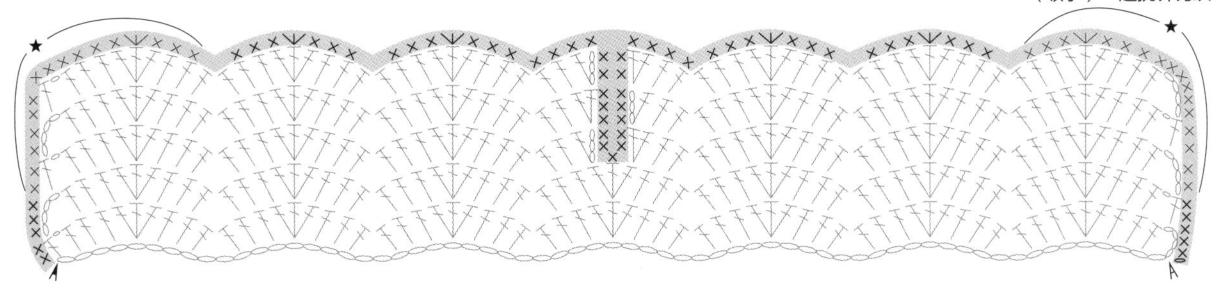

穿插扣的部分

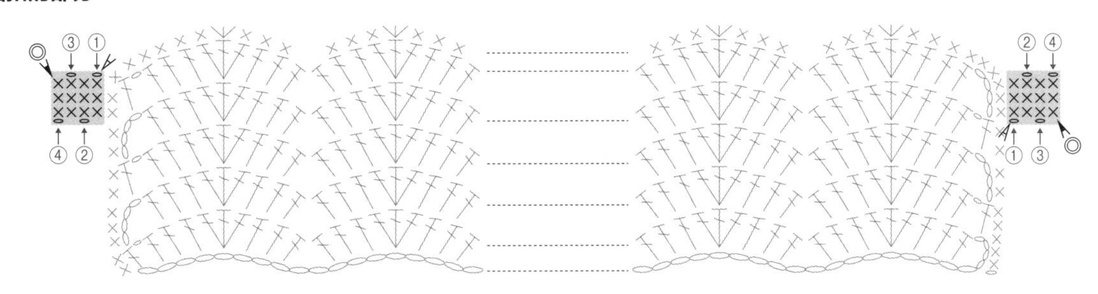

领结

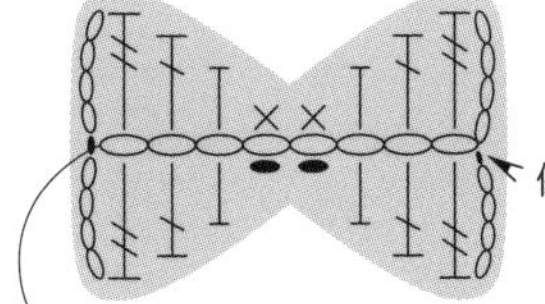

保留约 15cm 长的线头并缝合

钩织开始 锁针（8 针）起针

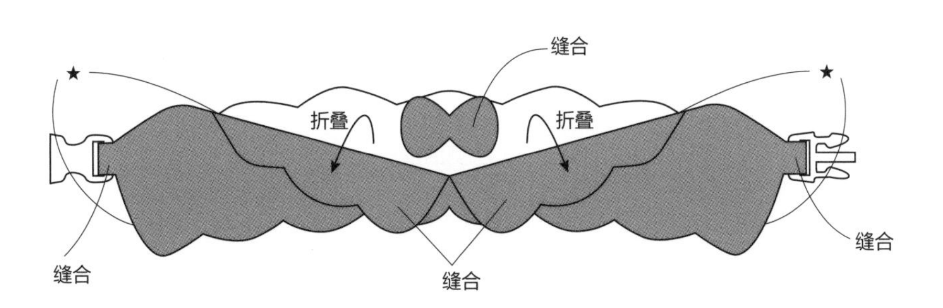

P31 | 仿皮草项圈

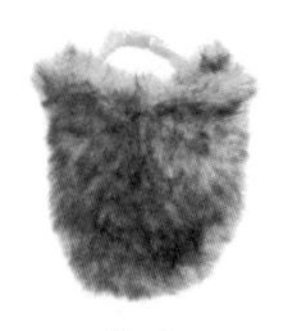

胸毛
17cm×11.5cm

◆ 材料和线

线 项圈、胸毛：和麻纳卡 Tino 毛线（2）25m
胸毛：和麻纳卡 Lupo 皮草线（2）15m

针 钩针 2/0 号、10/0 号，缝针

其他 安全插扣 10mm 1 个

◆ 制作方法

1. 用 Tino 线钩项圈（P46）。
2. 合并使用 Tino 线和 Lupo 线，钩胸毛部分。
3. 用 Tino 线将胸毛缝在项圈上，两端◎记号处穿上插扣并缝合（P49）。

项圈 2/0 号钩针

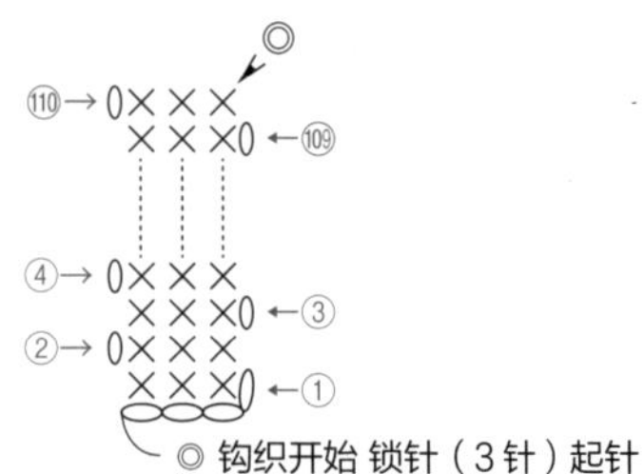

○ 锁针
● 引拔针
× 短针
短针 1 针分 2 针
短针 1 针分 3 针
剪断线

胸毛 10/0 号钩针 合并使用 2 种线

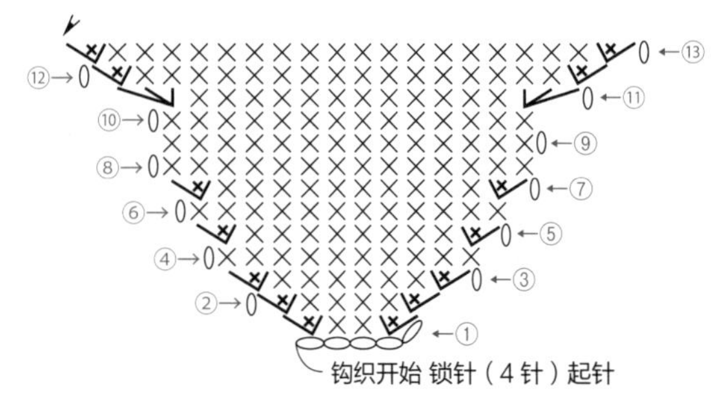

针数表

行数	针数	加减针
13	22	每行 +2 针
12	20	
11	18	+4 针
10	14	无加减
9	14	
8	14	
7	14	+2 针
6	12	无加减
5	12	+2 针
4	10	无加减
3	10	每行 +2 针
2	8	
1	6	

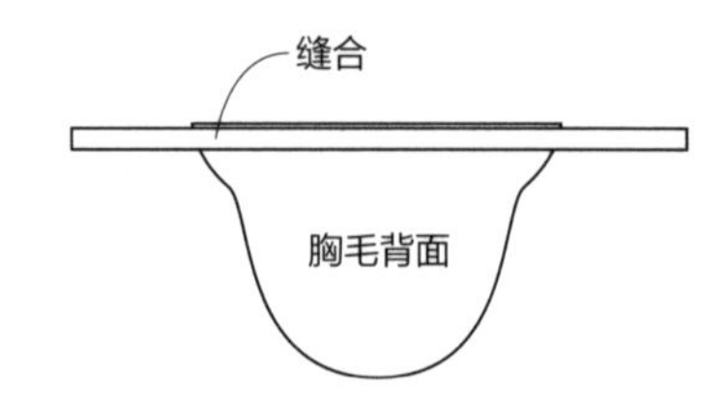

P32 | 拉夫领项圈

宽度 3.4cm

◆ **材料和线**

线 生成色 / 横田 鸭川 18 号 蕾丝线（101） 13g

针 钩针 2/0 号，缝针

其他 安全插扣 10mm 1 个

◆ **制作方法**

1. 钩织底座部分（P46）。
2.（拉夫领第 1 行）在底座第 15 行的第 1 针短针的针脚上接线，钩立起的锁针（3 针），然后挑起第 15 行的短针，再钩 2 针长针。
3. 在底座第 16 行的锁针上钩 8 针长针。按此方法继续钩长针，钩至底座第 45 行。
4.（拉夫领第 2 行）在拉夫领第 1 行的每针长针上钩 2 针长针。
5. 底座的两端◎记号处穿上插扣并缝合（P49）。

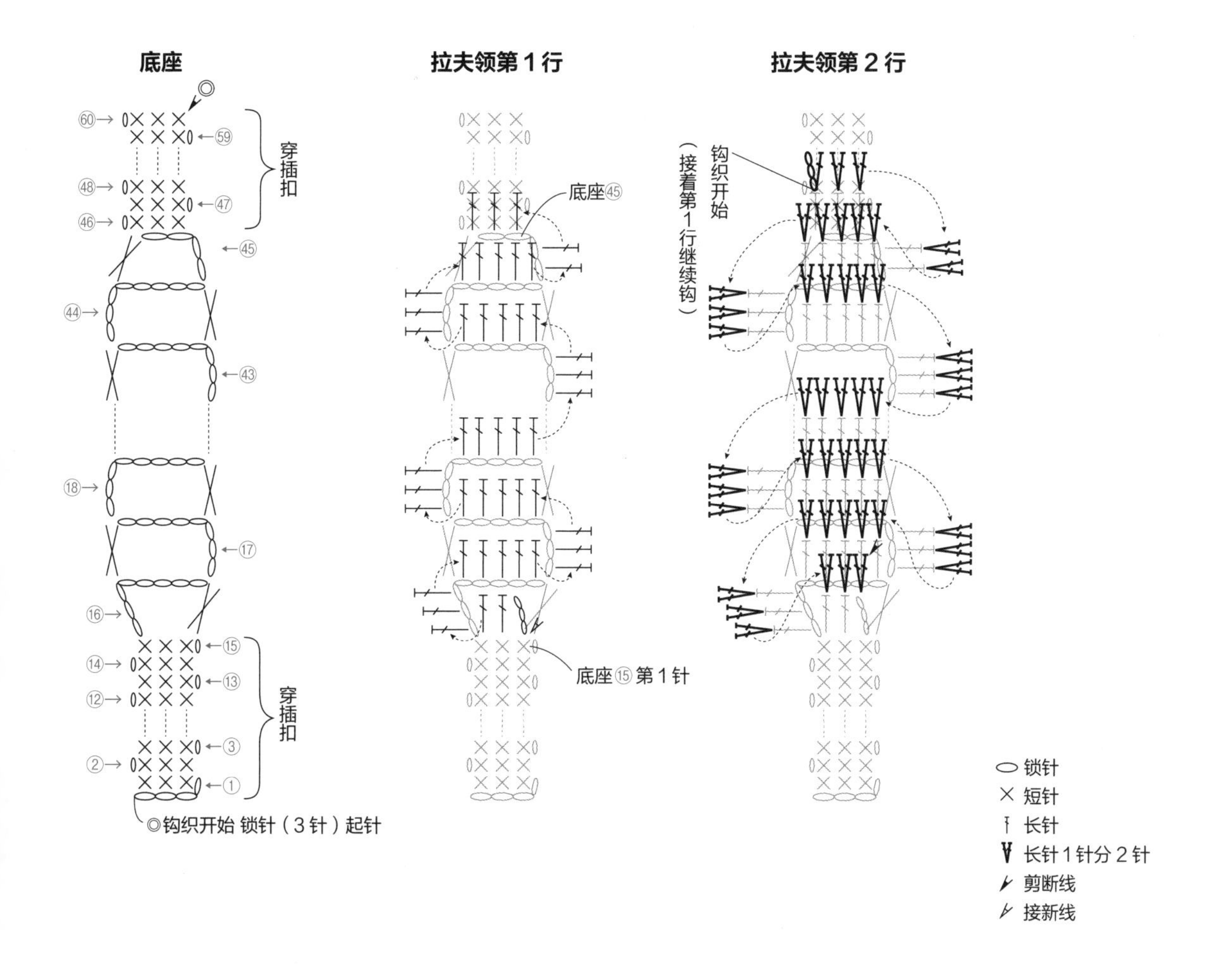

P33 | 三层领项圈

宽度 2.5cm

◆ 材料和线

线 奥林巴斯 Emmy Grande <House> 蕾丝线（H1） 19g

针 钩针 3/0 号，缝针

其他 安全插扣 10mm 1 个

◆ 制作方法

1. 钩织三层领 A、B 各 1 片（锁针起针 P45）。
2. 钩织领围。对折三层领 A 的织片，在折山上钩 42 针短针。除了钩织开始和结束处是对应三层领 A 的每 1 行钩 1 针短针，其余都是每 2 行钩 1 针短针。
3. 三层领 B 不需要对折，按照和步骤 **2** 同样的要领，钩 42 针边缘。
4. 重叠三层领 A 和 B，2 个织片一起挑针钩引拔针，钩出领围。
5. 在 3 层重叠的织片顶端接新线，钩织穿插扣的部分，第 1 行钩 3 针短针，钩 4 行（三层领的另一端也进行同样的钩织）。
6. 两端◎记号处穿上插扣并缝合（P49）。

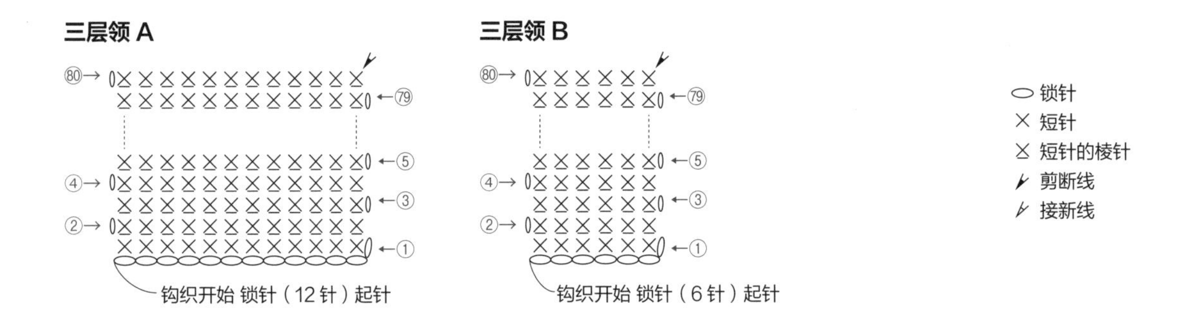

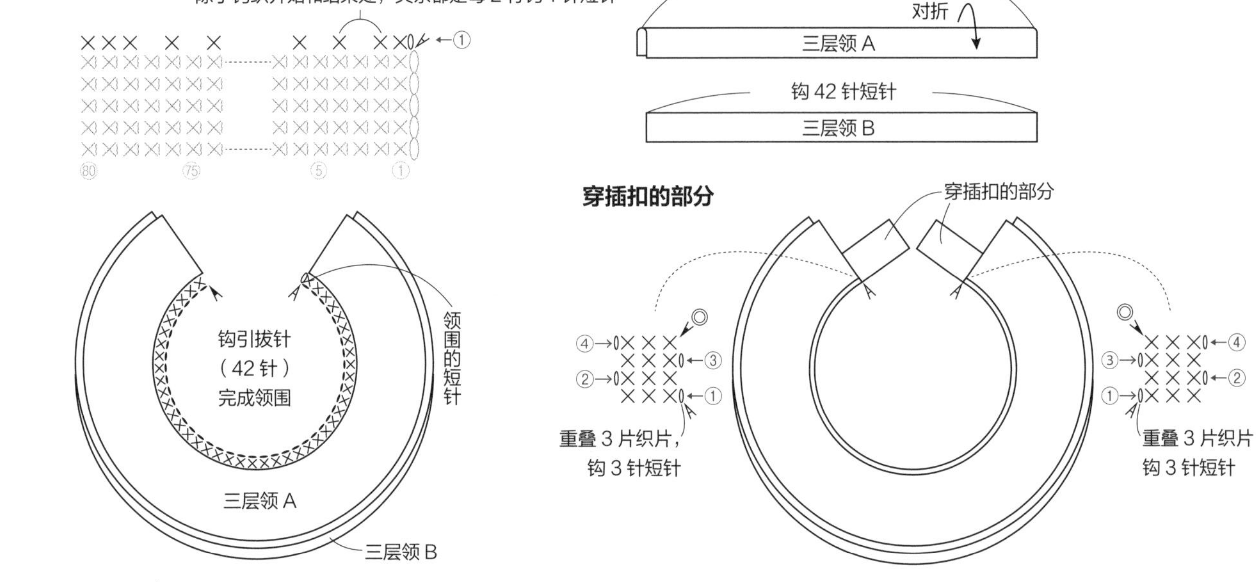

P34,35 | 天使与恶魔项圈

翅膀宽度9cm

◆ 材料和线

线 天使项圈：生成色 / HOBBYRA HOBBYRE 闪亮拉菲斯（02） 12g
恶魔项圈：黑色 / HOBBYRA HOBBYRE 闪亮拉菲斯（03） 12g

针 钩针 6/0 号，缝针

其他 安全插扣 10mm 各 1 个
小铃铛 4 分（13mm） 各 1 个
（天使项圈 / 金色，恶魔项圈 / 银色）

◆ 制作方法

1. 钩织项圈。钩第 1 圈，挑起锁针（起针）的半针钩短针，钩至锁针链的末端，挑起另一侧余下的半针钩短针，钩完一圈（锁针起针 P45）。
2. 钩织 2 片翅膀。
3. 将翅膀织片分别纵向对折，缝一道抽褶缝，注意不要露出针脚，稍微抽紧织片，做出翅膀的形状。将翅膀缝在项圈上，缝上小铃铛。
4. 项圈两端◎记号处穿上插扣并缝合（P49）。

项圈

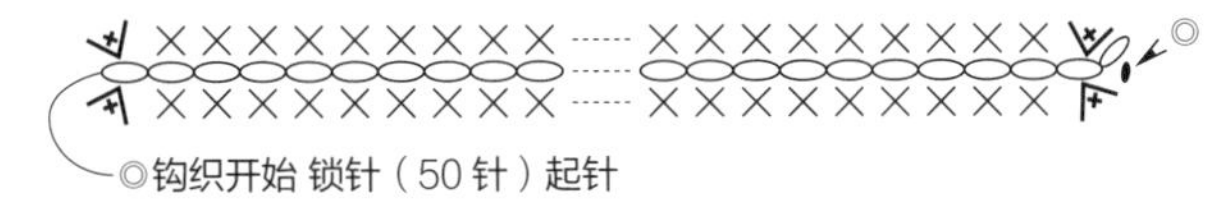

○ 锁针
● 引拔针
× 短针
× 短针的棱针
短针 1 针分 2 针
短针的棱针 1 针分 3 针
剪断线

翅膀（2 片）

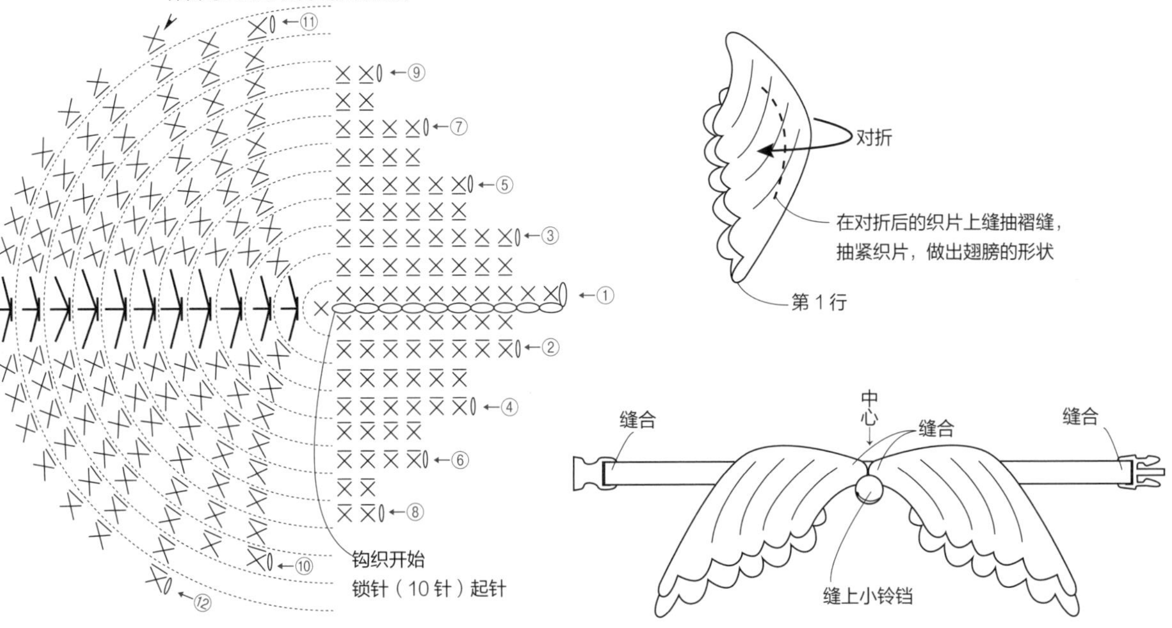

P36 | 蛋糕项圈

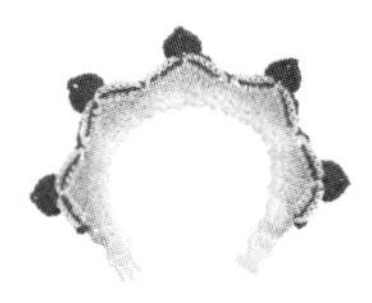

最大宽度 4.3cm

◆ 材料和线

线 4 色 / 奥林巴斯 Emmy Grande <House> 蕾丝线 白色（H1） 4g，黄色（H21）、粉红色（H5） 各 2g，红色（H17） 3g

针 钩针 3/0 号，缝针

其他 安全插扣 10mm 1 个

◆ 制作方法

1. 第 1 行，用白色线钩 6 针锁针，引拔成圈，然后钩 20 个枣形针，最后钩 6 针锁针并引拔成圈后断线。
2. 第 2 行，用黄色线钩 6 针锁针，引拔成圈，整束挑起第 1 行的锁针，每个锁针链上钩 3 针短针（第 20 个锁针链上钩 4 针短针）。最后钩 6 针锁针并引拔成圈后断线。
3. 第 3 行，用粉红色线钩 6 针锁针，引拔成圈，然后钩织花样，最后钩 6 针锁针并引拔成圈后断线。
4. 第 4 行，用白色线进行花样钩织，完成后断线。
5. 第 5 行，用红色线进行花样钩织，完成后断线。这一行将用作背面，所以请钩内钩短针。
6. 在前几行钩好的锁针圈上，用白色线在每个圈上钩 1 针短针，钩织穿插扣的部分。
7. 项圈两端◎记号处穿上插扣并缝合（P49）。

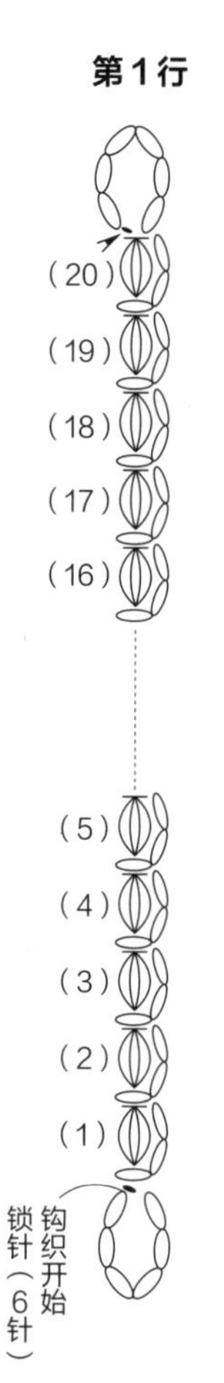

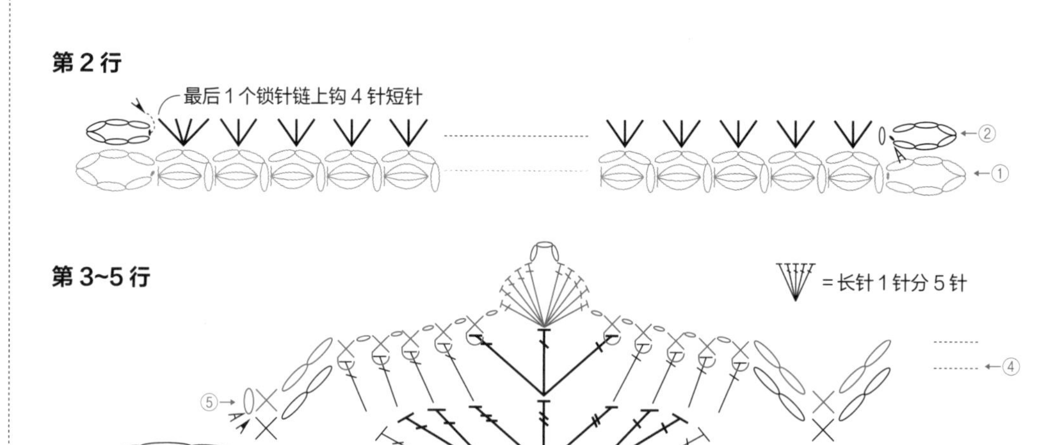

配色表

行数	颜色
5	红色
4	白色
3	粉红色
2	黄色
1	白色

- ⬭ 锁针
- ⬬ 引拔针
- × 短针
- 内钩短针
- 短针 1 针分 3 针
- 中长针
- 中长针 4 针的枣形针
- 长针
- 长针 1 针分 2 针
- 长针 1 针分 3 针
- 长长针 1 针分 3 针
- 剪断线
- 接新线

第 3~5 行的往返钩织方法

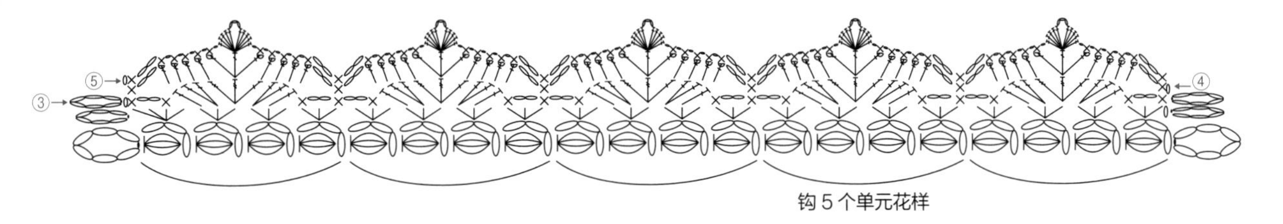

第 3~5 行 边缘钩织放大图

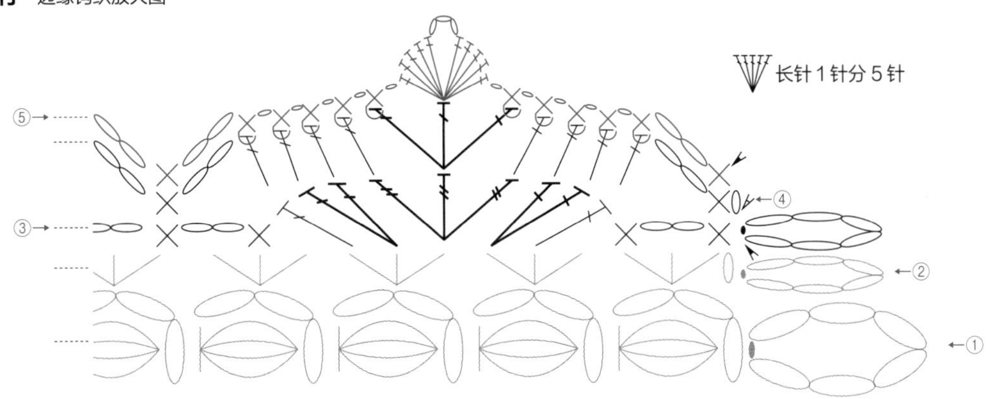

穿插扣的部分

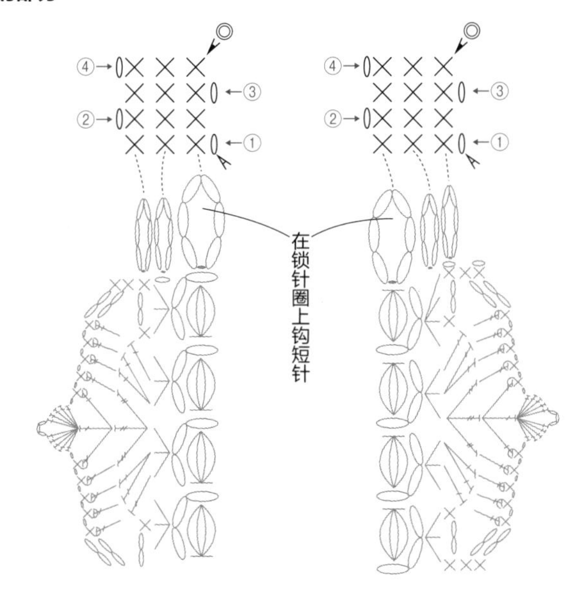

P38 | 伊丽莎白圈

领圈宽度 7.5cm

◆ 材料和线

线 Marchen Art Manila 麻线 灰色（525）20g

针 钩针 6/0 号，缝针

其他 安全插扣 10mm 1个

◆ 制作方法

1. 钩织项圈。挑起锁针（起针）的半针钩短针，钩至锁针链的末端，挑起另一侧余下的半针继续钩短针（锁针起针 P45）。
2. 在项圈的中间挑针，钩 49 针外钩短针，从第 2 行开始，一边加针一边钩长针，钩出伊丽莎白圈。
3. 在伊丽莎白圈的两侧钩长针。
4. 钩织扣子和扣环，缝在伊丽莎白圈上。
5. 项圈两端◎记号处穿上插扣并缝合（P49）。

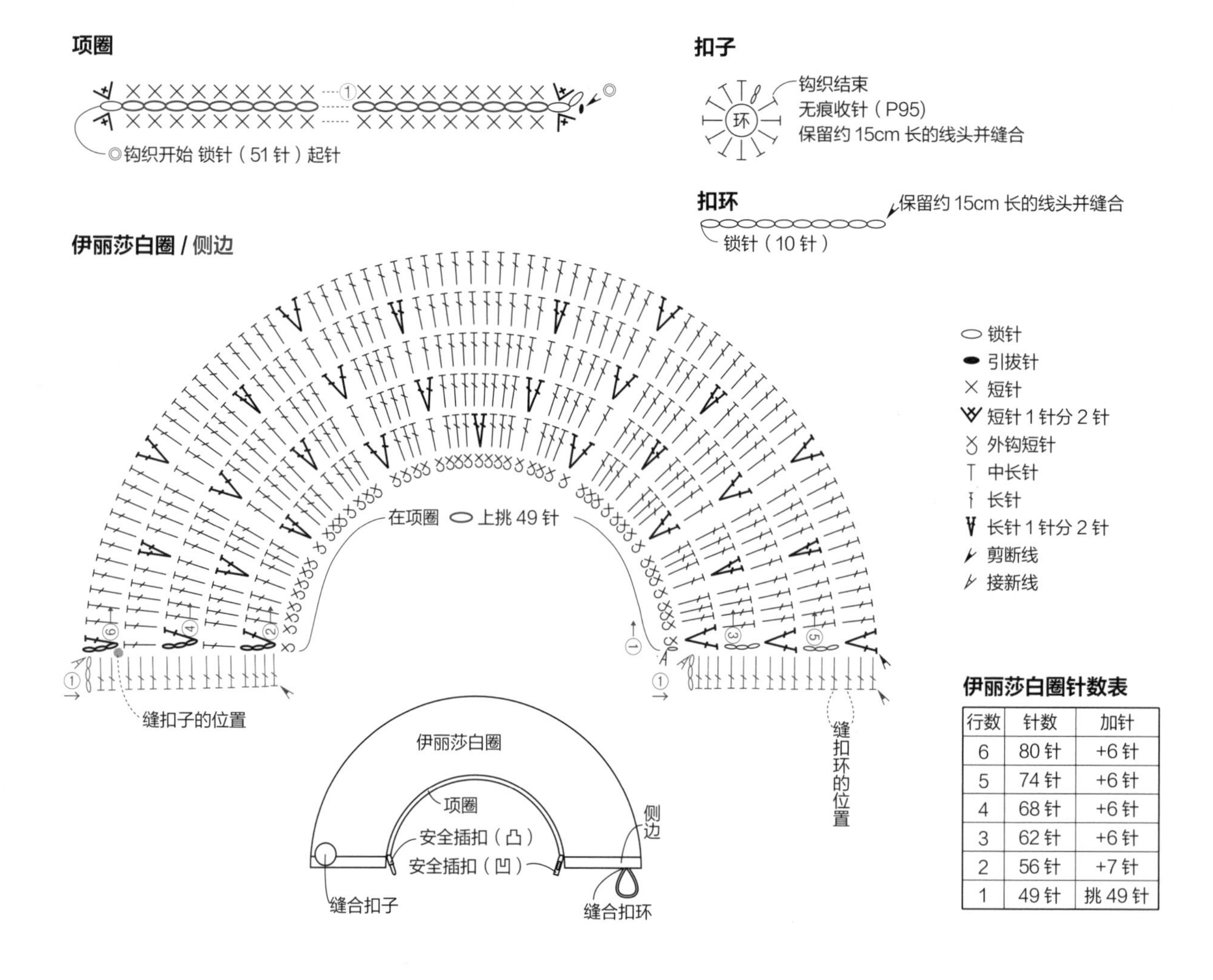

伊丽莎白圈针数表

行数	针数	加针
6	80 针	+6 针
5	74 针	+6 针
4	68 针	+6 针
3	62 针	+6 针
2	56 针	+7 针
1	49 针	挑 49 针

P39 | 围兜项圈

围兜
8cm×12cm

◆ 材料和线

线 项圈、围兜：Marchen Art Manila 麻线“浓缩咖啡”（522） 5g
围兜：Marchen Art Manila 麻线“咖啡欧蕾”（512） 7g

针 钩针 6/0 号，缝针

其他 安全插扣 10mm 1 个

◆ 制作方法

1. 钩织项圈。用浓缩咖啡色的线，挑起锁针（起针）的半针钩短针，钩至锁针链的末端，挑起另一侧余下的半针钩短针（锁针起针 P45）。
2. 钩织围兜。用咖啡欧蕾色的线钩 8 针锁针作为起针，钩椭圆底，一边加针一边钩至第 13 行。
3. 第 14 行，沿着围兜钩 1 圈短针作为边缘钩织，然后换用浓缩咖啡色的线，再钩 1 圈边缘钩织。将围兜缝在项圈的中心。
4. 项圈两端◎记号处穿上插扣并缝合（P49）。

项圈

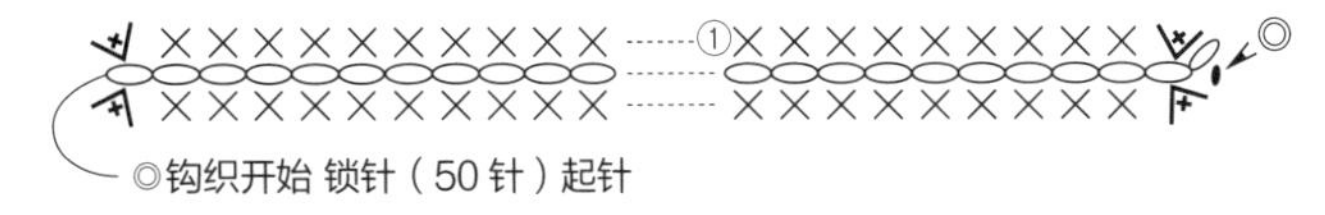

围兜

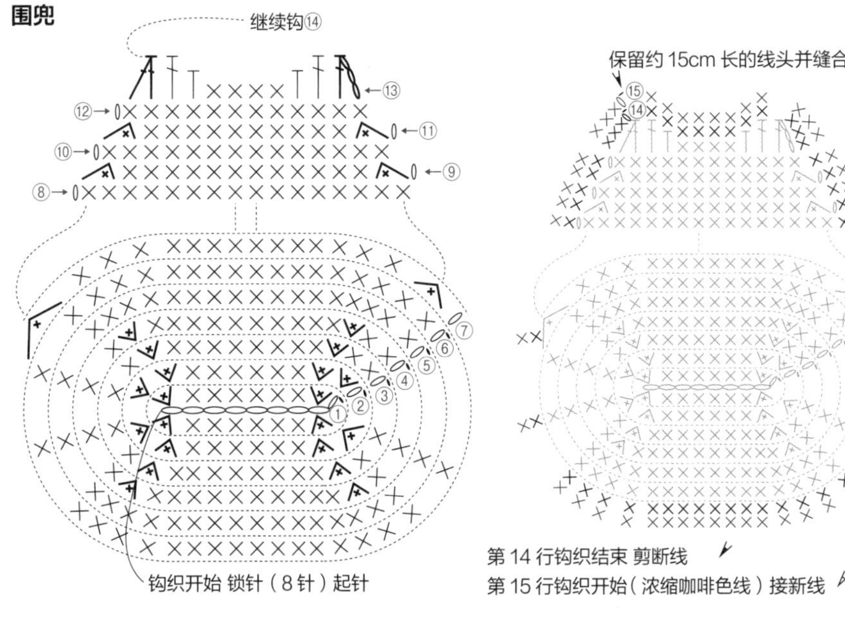

围兜针数表

行数	针数	加减针
15	44	无加减
14	44	挑 40 针
13	10	−2 针
12	12	无加减
11	12	−2 针
10	14	无加减
9	14	−2 针
8	16	无加减
7	16	挑 18 针
6	36	无加减
5	36	
4	36	每圈 +4 针
3	32	
2	28	+8 针
1	20	环钩 20 针

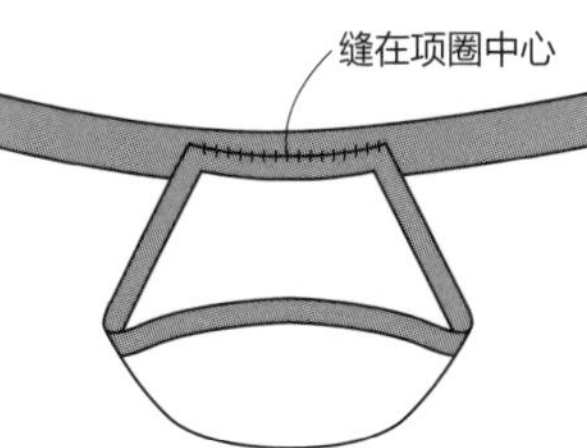

⬭ 锁针
● 引拔针
× 短针
短针 1 针分 2 针
中长针
长针
长针 2 针并 1 针
剪断线
接新线

钩针编织基础

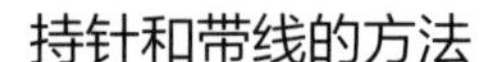

持针和带线的方法

（右手）

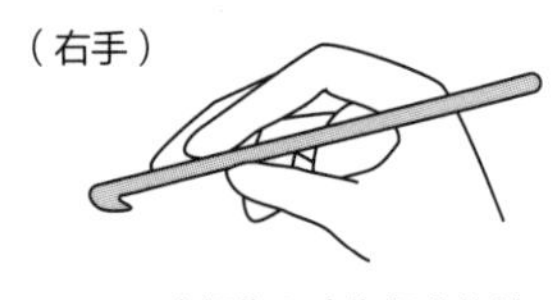

大拇指和食指捏住钩针

（左手）

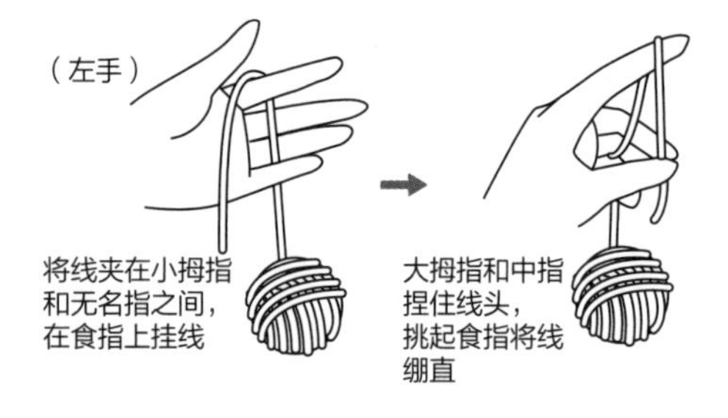

将线夹在小拇指和无名指之间，在食指上挂线

大拇指和中指捏住线头，挑起食指将线绷直

锁针各部分的名称

（正面）

（背面）

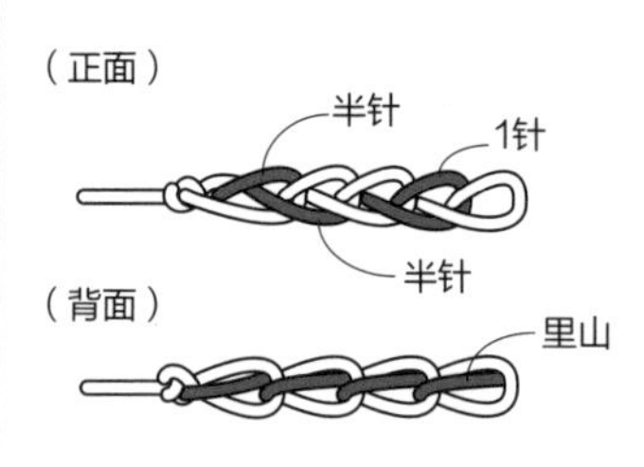

锁针起针

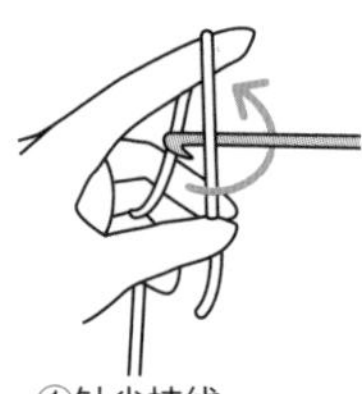

①针尖挂线

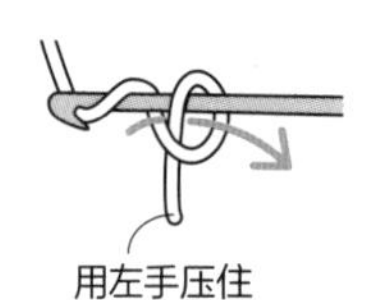

②针尖再次挂线后引出

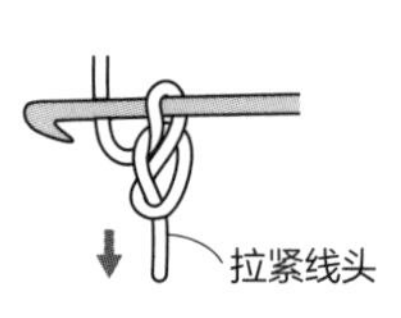

③完成起始针
※此针不计入针数

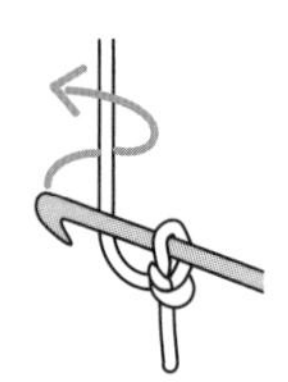

④针尖挂线

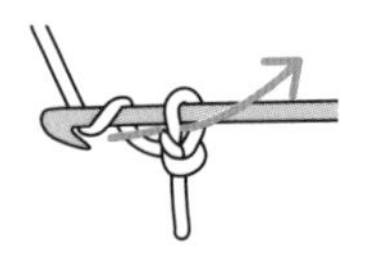

⑤引出线，钩出1针锁针

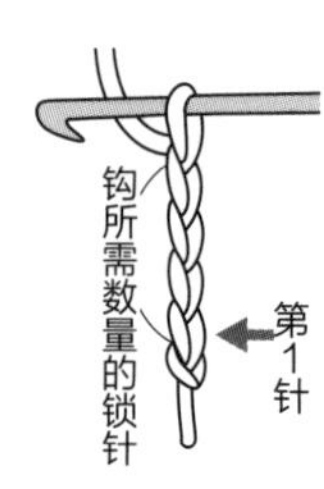

环形起针

①线在左手食指上轻轻绕2圈

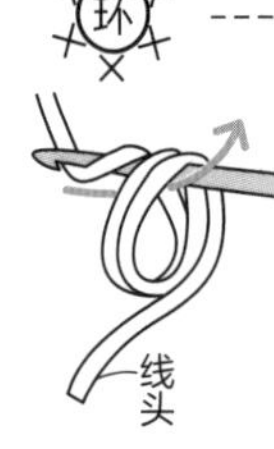

②针尖挂线后引出线

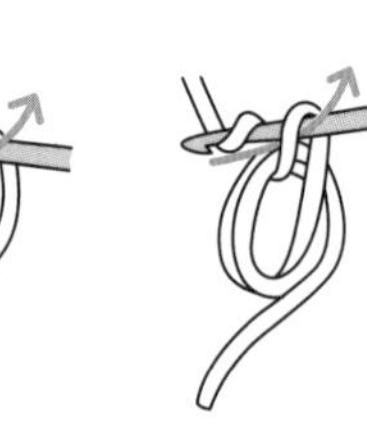

③针尖挂线后引拔抽出
※此针不计入针数

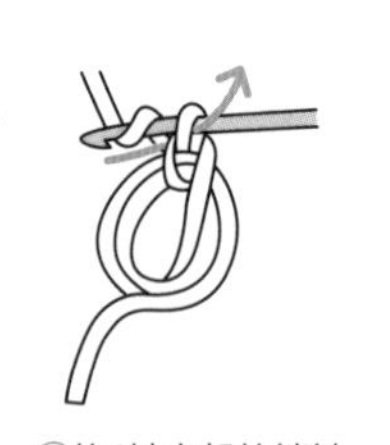

④钩1针立起的锁针

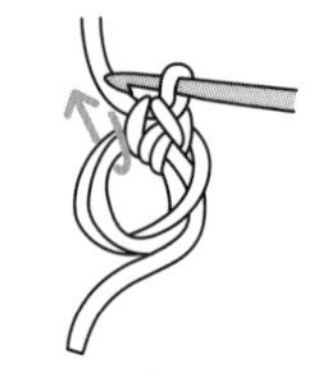

⑤在圆环中入针，钩所需数量的短针

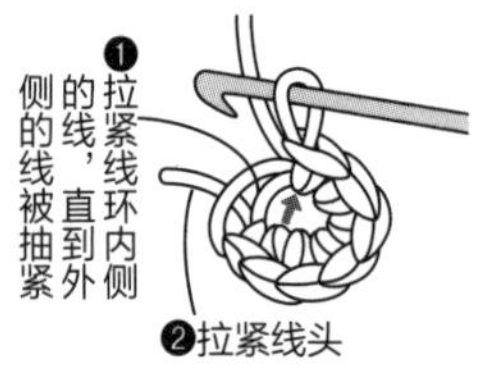

⑥拉紧线环
※也有P55的方法

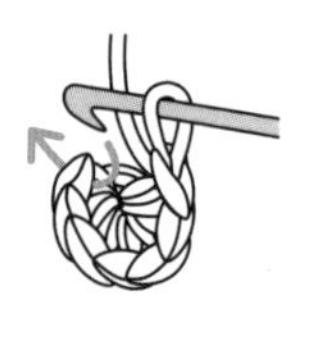

⑦挑起第1针上的两根线入针，钩引拔，完成第1圈

用锁针做圆环起针，筒状钩织

①钩起针的锁针，挑起第1针锁针的里山入针，针尖挂线后引拔

②完成锁针环。针尖挂线后引拔，钩出1针立起的锁针

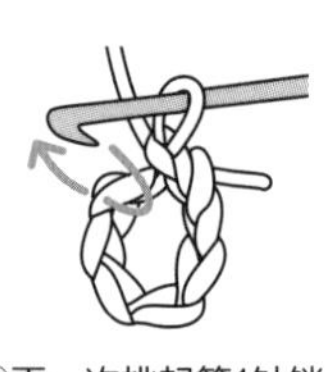

③再一次挑起第1针锁针的里山入针，开始钩第1圈

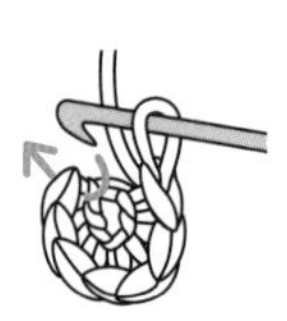

④挑起第1针上的两根线入针，针尖挂线后引拔，完成第1圈

在每一行（圈）的钩织开始处，钩和本行针法相同高度的立起的锁针。（也有不需要钩立起的锁针的情况）

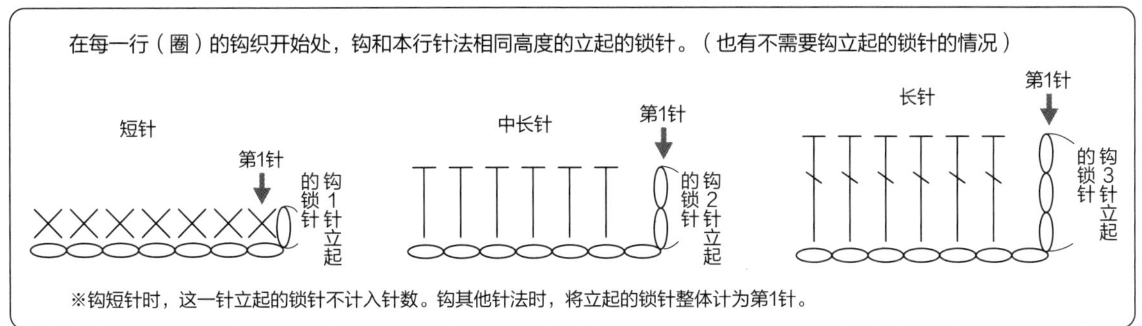

※钩短针时，这一针立起的锁针不计入针数。钩其他针法时，将立起的锁针整体计为第1针。

■钩针基本针法 & 符号

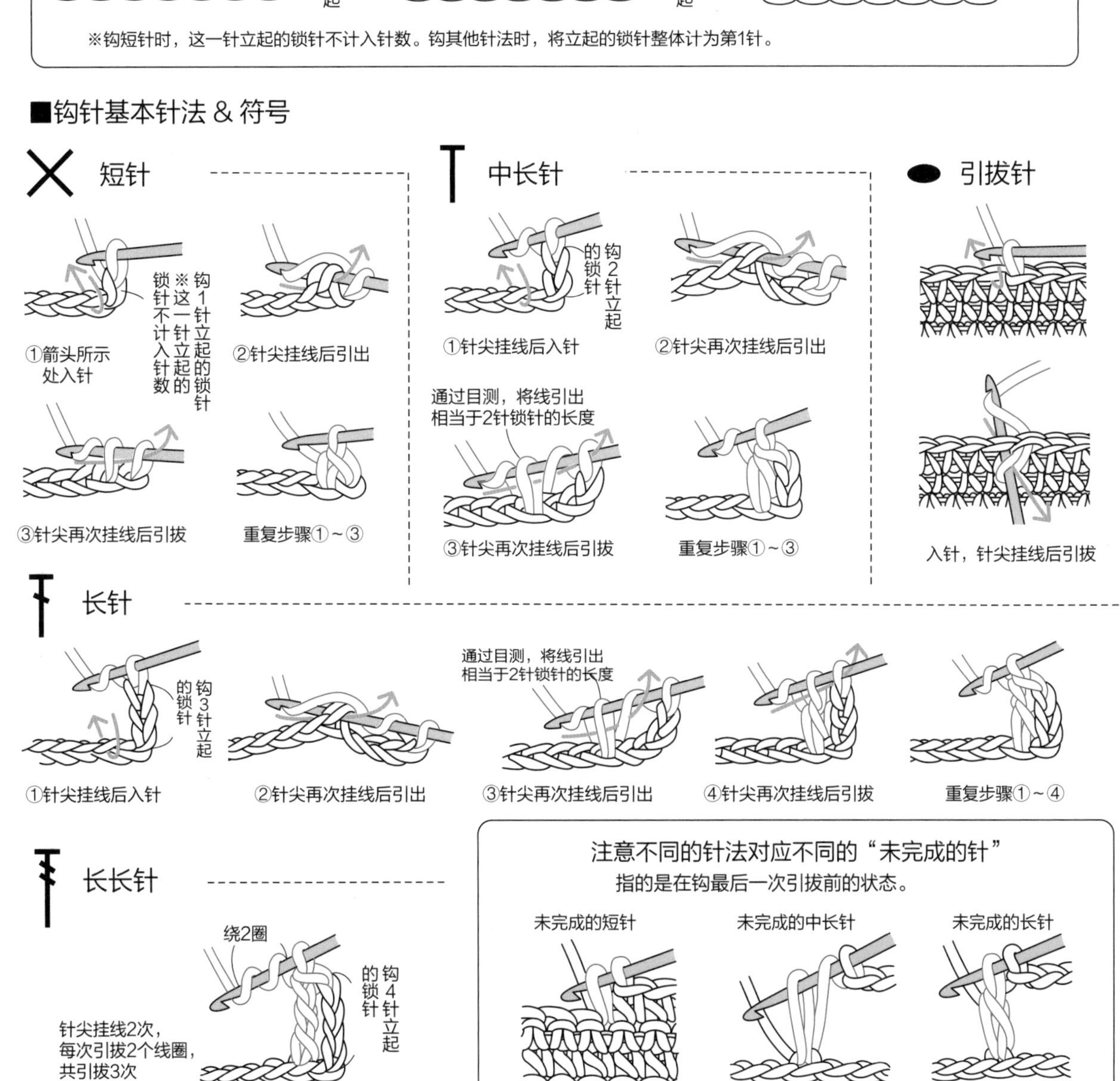

■加针

短针1针分2针

（短针1针分3针）也按同样的要领钩织

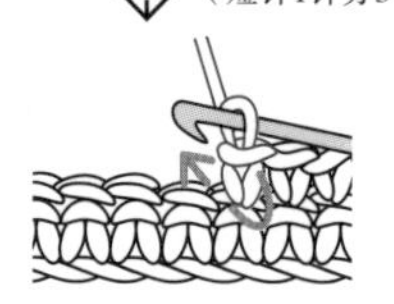

①钩1针短针，然后在同一针里再次入针

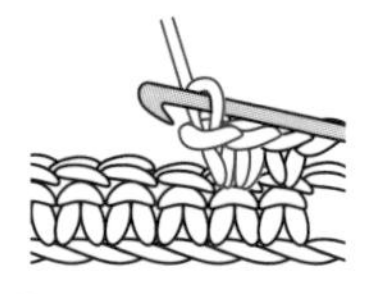

②同一针上钩出2针短针的状态

中长针1针分2针

需要加更多针数的情况，也按同样的要领钩织

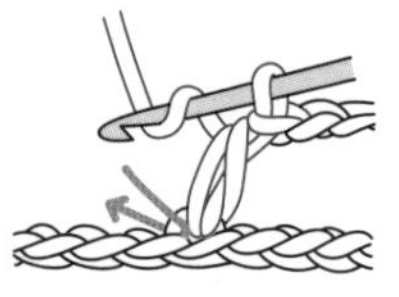

①钩1针中长针

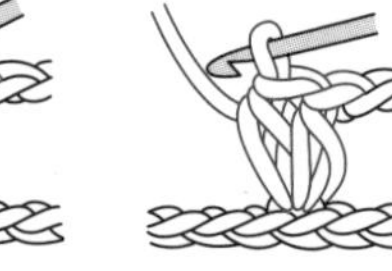

②在同一针里再钩1针中长针

长针1针分2针

需要加更多针数的情况，也按同样的要领钩织

①钩1针长针，针尖挂线，在同一针里入针

②引出线，钩1针长针

注意：入针时“整束挑起钩织”的钩法

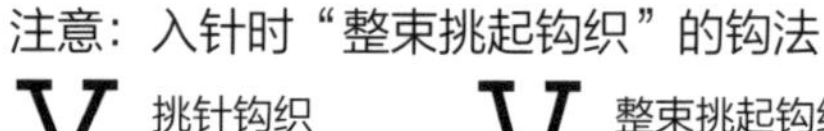

挑起上一行的针脚钩织

整束挑起上一行的锁针钩织

■减针

短针2针并1针

需要减更多针数的情况，也按同样的要领钩织

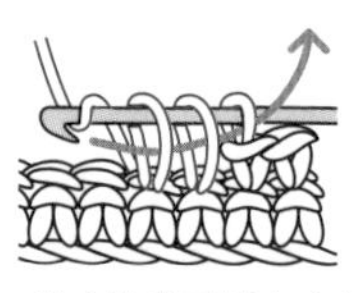

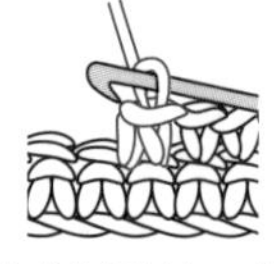

针尖挂线后引出（未完成的短针），从下一针也引出线（未完成的短针），一次性引拔穿过2个线圈

中长针2针并1针

需要减更多针数的情况，也按同样的要领钩织

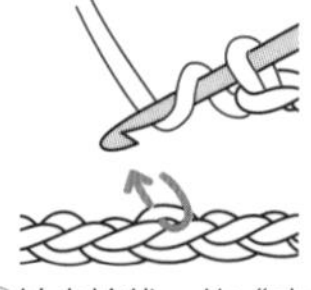

①针尖挂线，钩“未完成的中长针”

②保持第1针的线圈不要缩小，再钩1针“未完成的中长针”

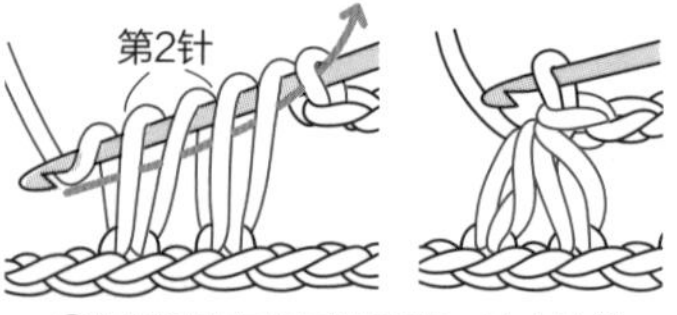

③保持2针在相同的高度，针尖挂线后一次性引拔穿过所有的线圈

长针2针并1针

需要减更多针数的情况，也按同样的要领钩织

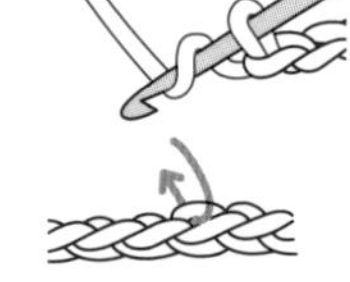

①针尖挂线，入针并引出线

②针尖挂线，钩“未完成的长针”

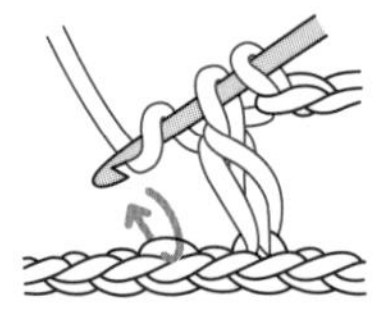

③针尖挂线，按和步骤①同样的方法引出线

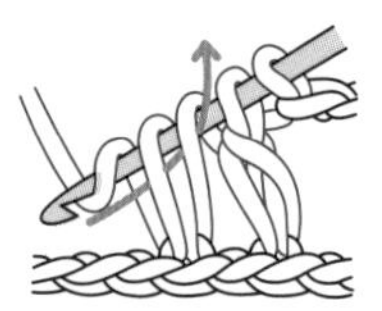

④保持和第1针“未完成的长针”的高度一致，进行钩织

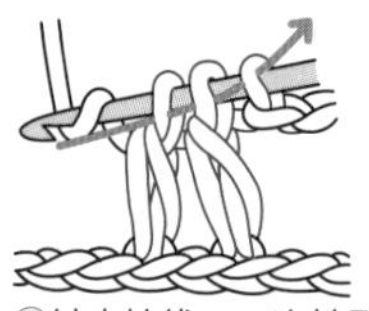

⑤针尖挂线，一次性引拔穿过所有的线圈

■其他

短针的棱针（圈钩时为条纹针）

①挑起外侧半针

②针尖挂线后引出

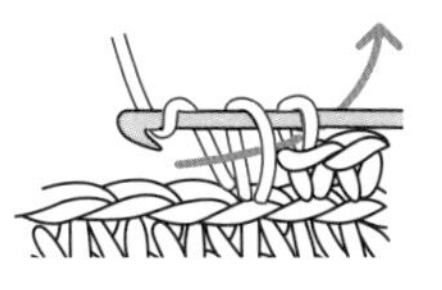

③再次挂线后引拔

长针的棱针（圈钩时为条纹针）

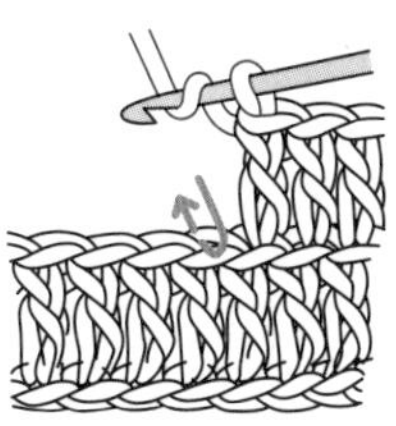

①针尖挂线，挑起外侧半针

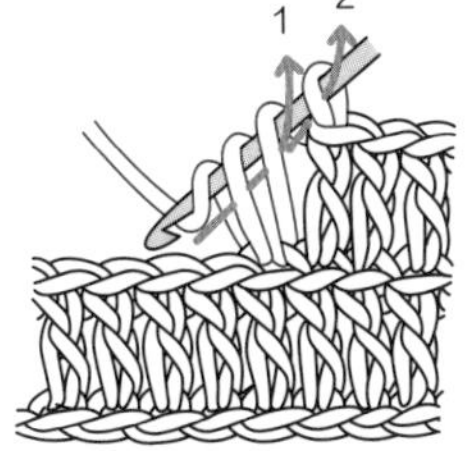

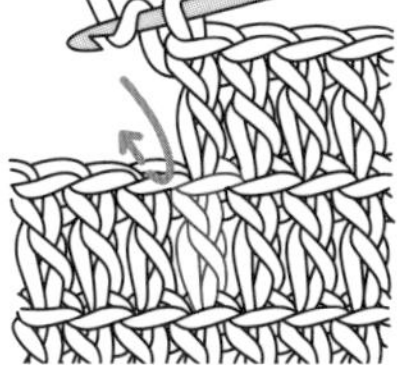

②针尖挂线后引拔，钩出长针

※往返钩织时，注意挑针位置，保持条纹在织片的正面

外钩短针

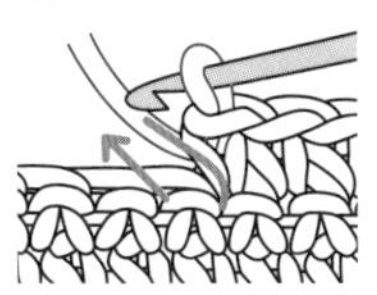

①如箭头所示入针，挑起前一行针脚的底部

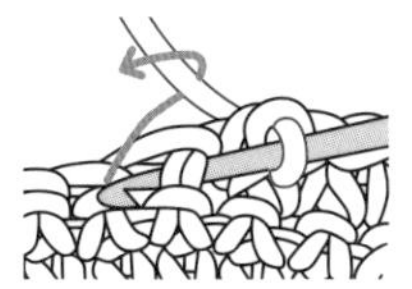

②针尖挂线

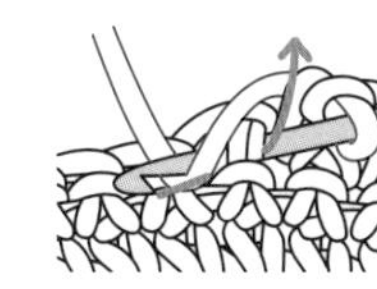

③引出比钩普通短针更长的线

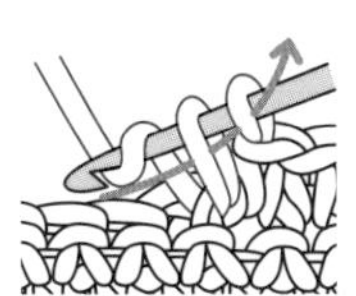

④钩短针

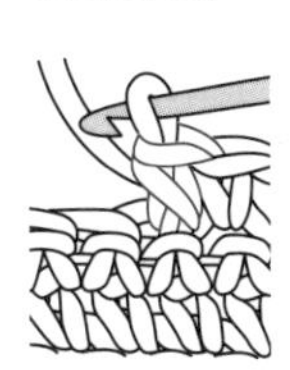

⑤此时前一行针脚顶部的线圈位于织片的反面

内钩短针

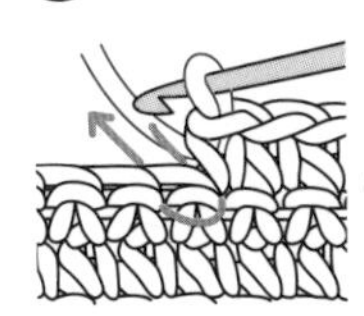

①如箭头所示，从外向里入针，挑起前一行针脚的底部

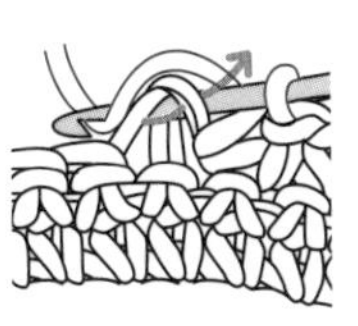

②针尖挂线

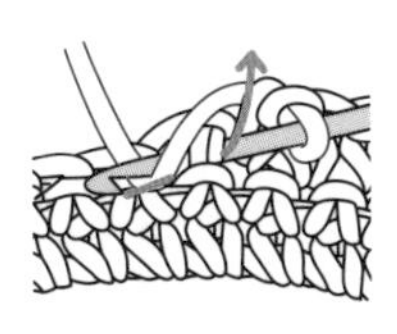

③引出比钩普通短针更长的线

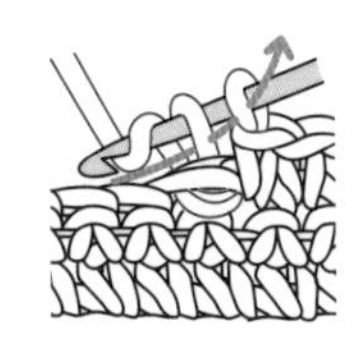

④钩短针

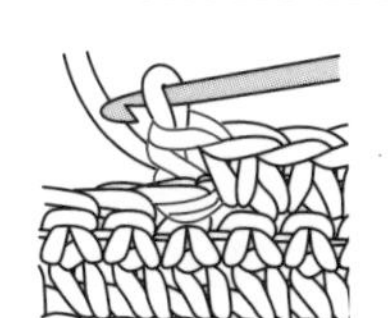

⑤此时前一行针脚顶部的线圈位于织片的正面

换线方法

正面（织片左端）换线

新线

将旧线从里向外挂在针上

换用新线钩前一行最后的引拔

背面（织片右端）换线

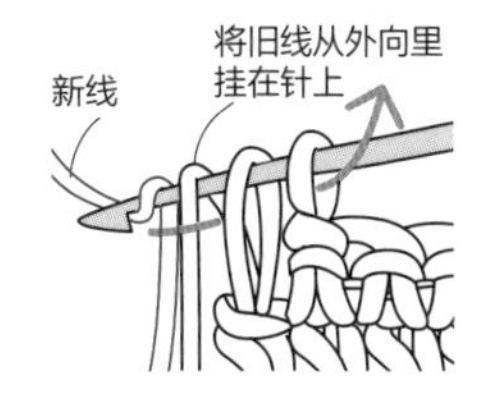

换用新线钩前一行最后的引拔

环形钩织换线

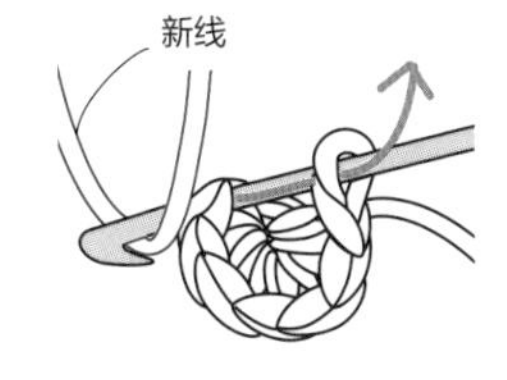

钩换线前一针的最后引拔步骤时，将新线挂在针上，钩引拔

配色钩织换线

②将休针的旧线置于内侧

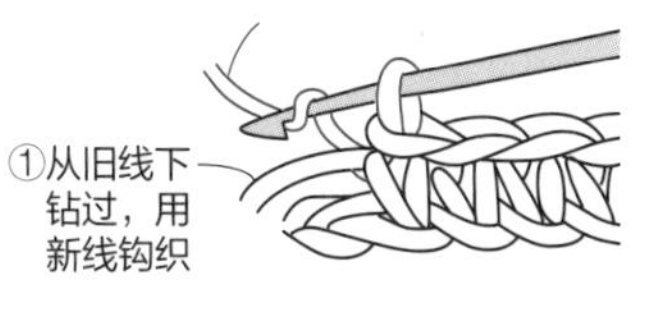

①从旧线下钻过，用新线钩织

外钩长针

外钩长长针也按同样的要领进行钩织

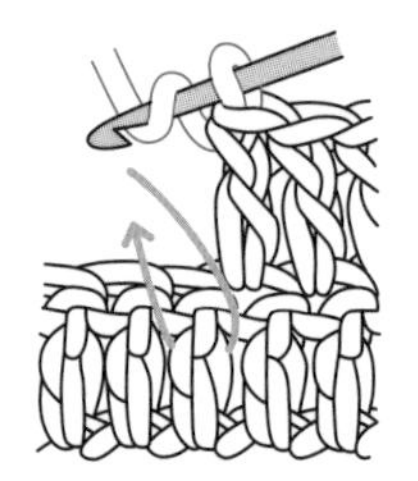

①针尖挂线，如箭头所示，挑起前一行针脚的底部

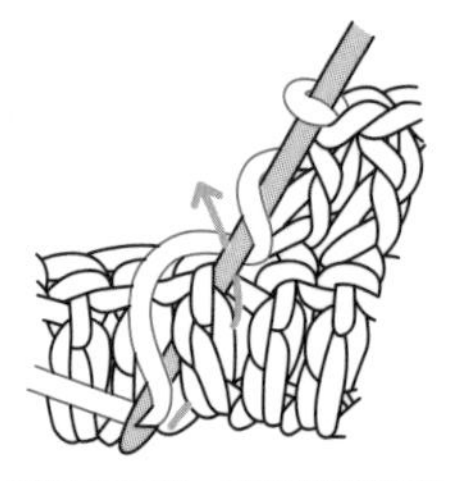

②针尖挂线，引出较长的线，避免和前一行的针脚或相邻的针脚纽结

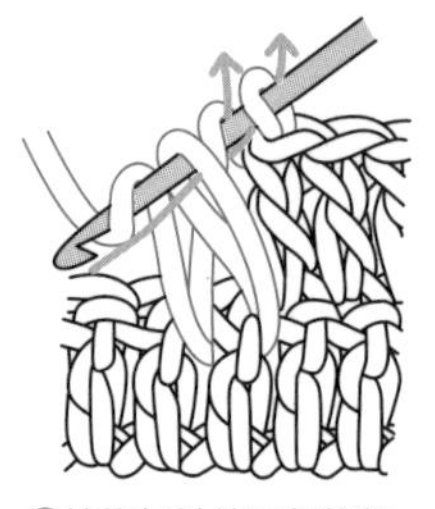

③按钩长针的要领钩织

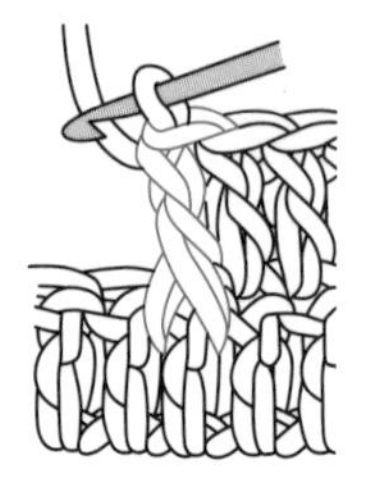

3针中长针的枣形针

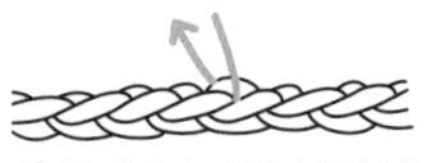

①钩“未完成的中长针”（第1针）

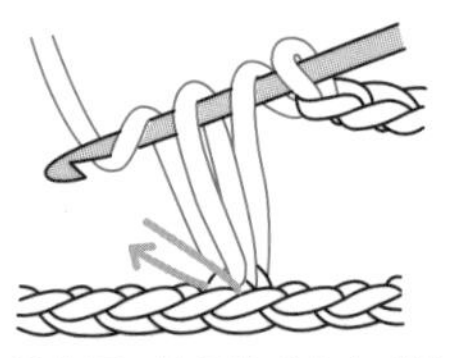

②在同一针里钩“未完成的中长针”（第2针）

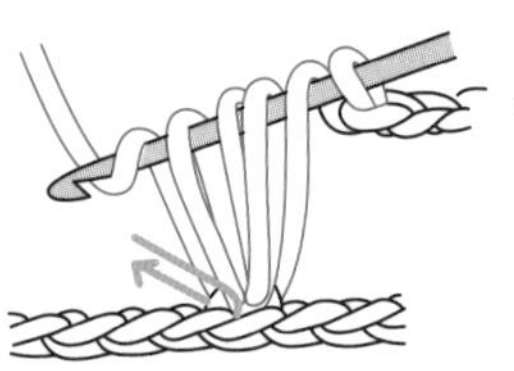

③按同样的要领，钩第3针，注意不要让第1针和第2针变短

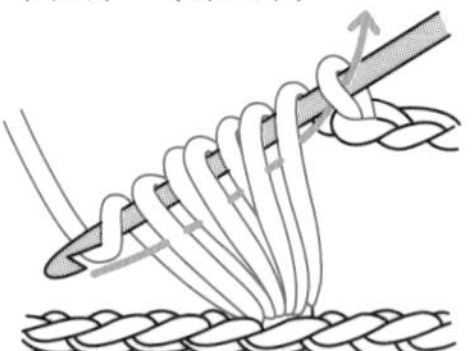

④针尖挂线，左手按住线圈的底部，一次性引拔穿过所有的线圈

⑤错开钩织枣形的部分和顶部锁针的部分

3针长针的枣形针

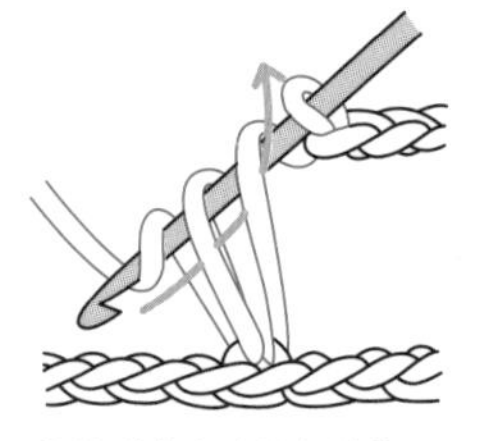

①钩“未完成的长针”（第1针）

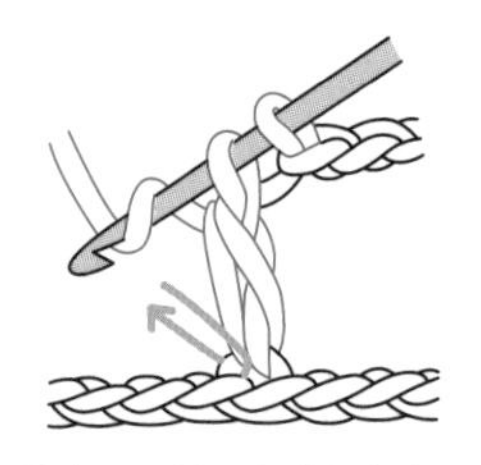

②在同一针里钩“未完成的长针”（第2针）

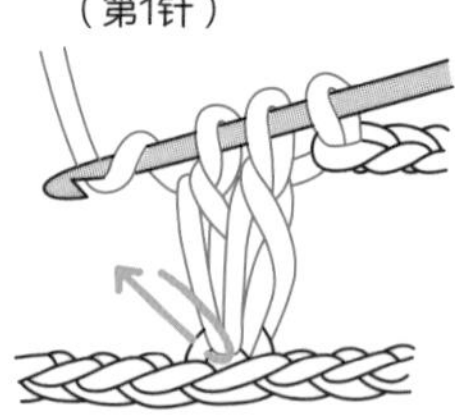

③按同样的要领，钩第3针

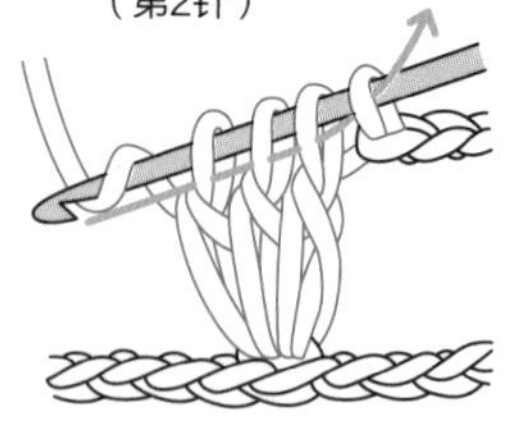

④针尖挂线，一次性引拔

换线方法（往返钩织整行换线的情况）

钩换线前一行的最后一针的引拔步骤时，将休针中的线挂在针上，钩引拔，完成换线

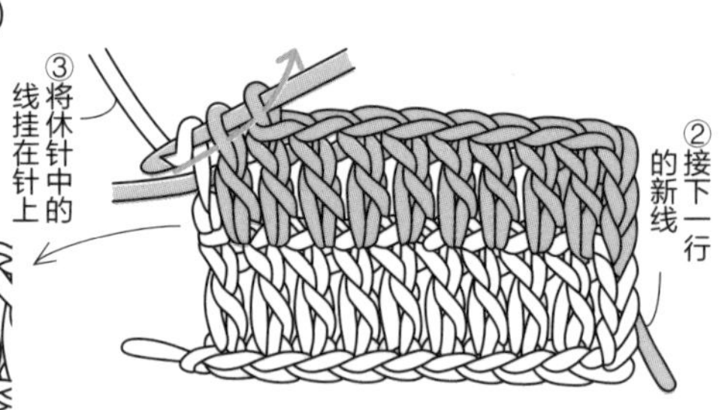

【虾辫】

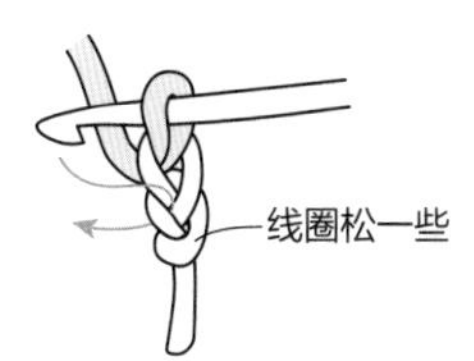

①钩1针锁针起针，挑起半针入针

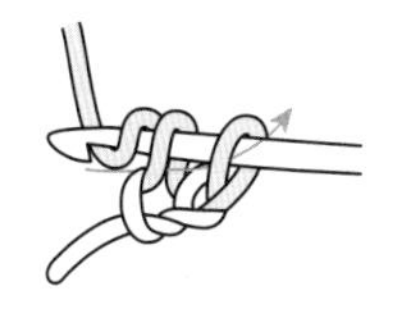

②引出线，针尖挂线后引出

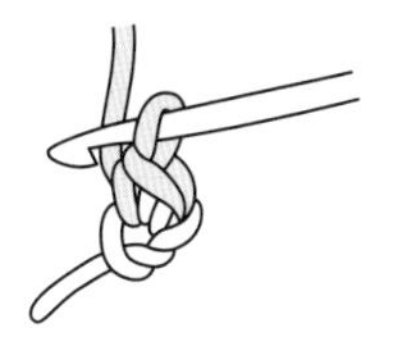

③从右向左翻转织片

④如箭头所示，挑起反面的2根线，钩短针

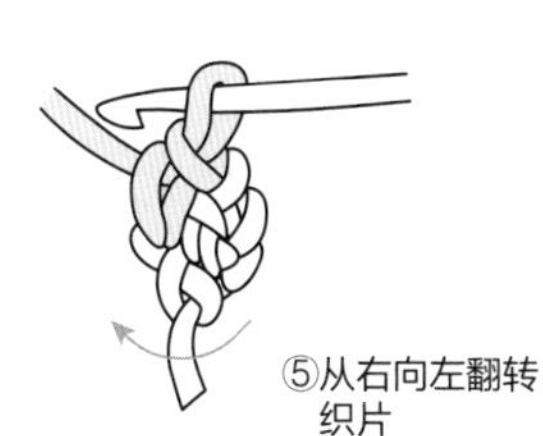

⑤从右向左翻转织片

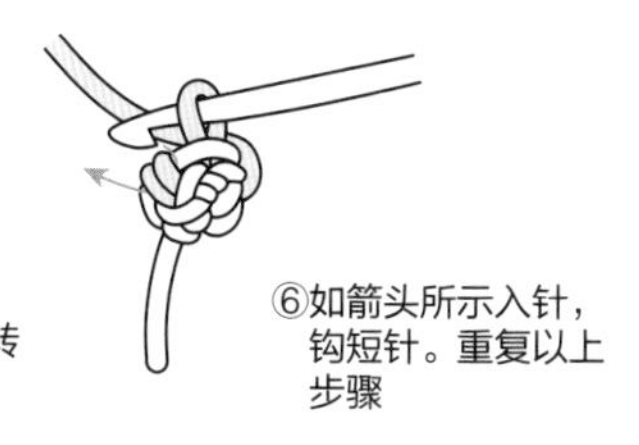

⑥如箭头所示入针，钩短针。重复以上步骤

◆卷缝（全针卷缝）

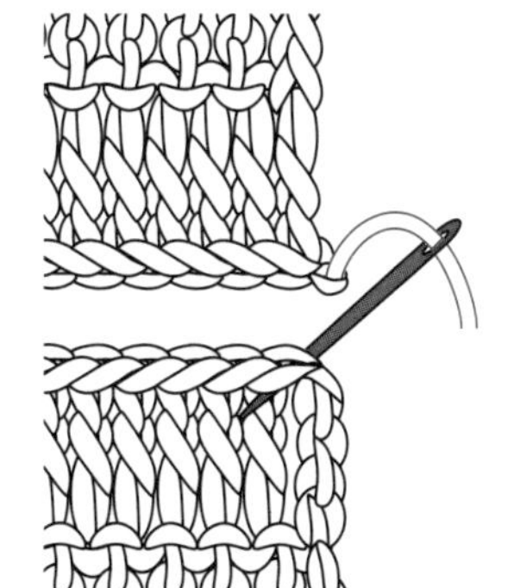

①织片正面朝上对齐，用缝针挑起顶端的针脚

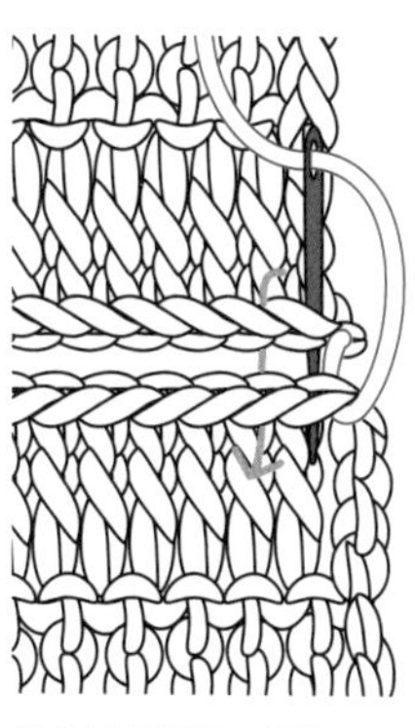

②交替挑起每一针的全针脚

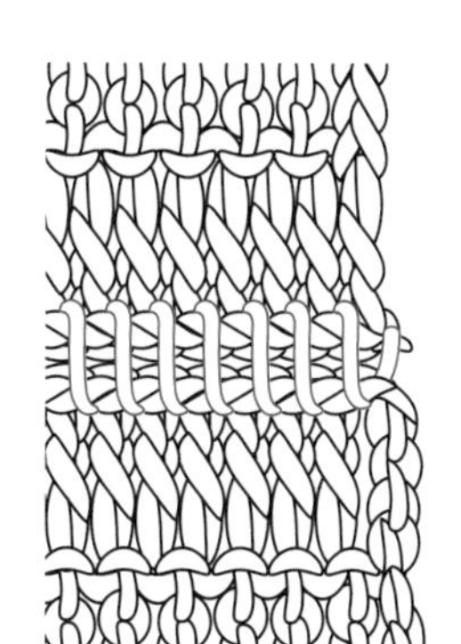

◆卷缝（半针卷缝）

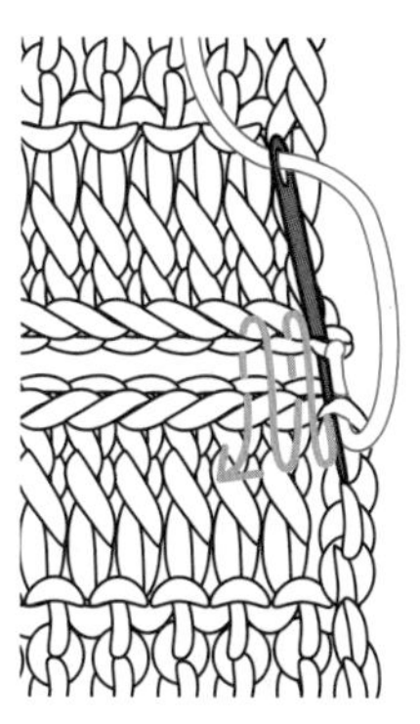

交替挑起外半针

◆无痕收针

①钩出最后一针后，保留约15cm长的线头后剪断线，穿上缝针，用针挑起这一圈的第1针的针脚

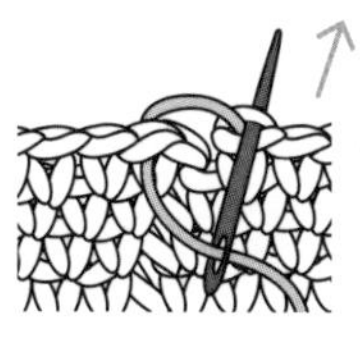

②然后挑起这一圈最后1针外侧的半针

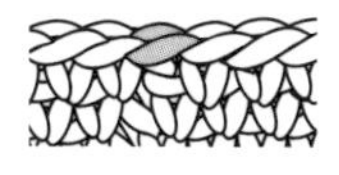

③拉紧线，缝出1针锁针，最后将余下的线头藏在织片的背面

作品设计

市川美雪　藤田智子
越膳夕香　楚坂有希
能势真弓　金子美也子（Miya）

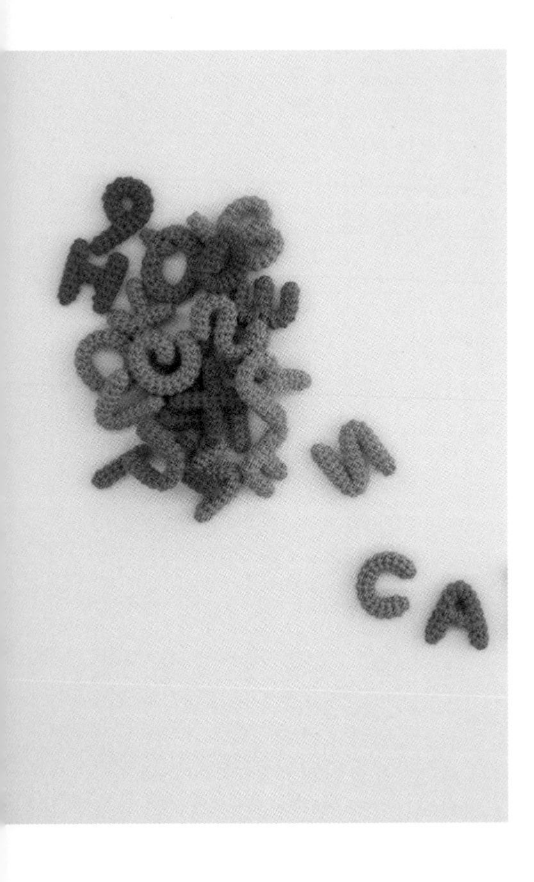

原文书名：手編みのかわいい猫の首輪
原作者名：株式会社エクスナレッジ

著作权合同登记号：图字：01-2021-1932

图书在版编目（CIP）数据

猫物集. 钩编可爱饰物 / 日本株式会社无限知识编著；半山上的主妇译. -- 北京：中国纺织出版社有限公司，2021.10（2024.4 重印）
（尚锦手工萌宠手作系列）
ISBN 978-7-5180-8788-4

Ⅰ. ①猫… Ⅱ. ①日… ②半… Ⅲ. ①手工编织－图集 Ⅳ. ① TS935.5-64

中国版本图书馆 CIP 数据核字（2021）第 164836 号

责任编辑：刘　茸　　责任校对：楼旭红　　责任印制：王艳丽

中国纺织出版社有限公司出版发行
地址：北京市朝阳区百子湾东里 A407 号楼　邮政编码：100124
销售电话：010—67004422　传真：010—87155801
http://www.c-textilep.com
中国纺织出版社天猫旗舰店
官方微博 http://weibo.com/2119887771
北京华联印刷有限公司印刷　各地新华书店经销
2021 年 10 月第 1 版　2024 年 4 月第 2 次印刷
开本：787 × 1092　1/16　印张：5
字数：175 千字　定价：59.80 元

凡购本书，如有缺页、倒页、脱页，由本社图书营销中心调换